Sitzungsberichte
der Akademie der Wissenschaften
der DDR
Mathematik – Naturwissenschaften – Technik

5N

1980

Geographie
Kartographie
Umweltforschung

Edgar Lehmann zum 75. Geburtstag

AKADEMIE-VERLAG · BERLIN

Sitzungsberichte
der Akademie der Wissenschaften
der DDR
Mathematik – Naturwissenschaften – Technik

Jahrgang 1980 · Nr. 5/N

Geographie
Kartographie
Umweltforschung

Edgar Lehmann zum 75. Geburtstag

AKADEMIE-VERLAG · BERLIN
1981

Festkolloquium aus Anlaß des 75. Geburtstages von
Edgar Lehmann, Ordentliches Mitglied der Akademie
der Wissenschaften der DDR, am 25. März 1980,
veranstaltet von der Klasse Umweltschutz und Umweltgestaltung
der AdW der DDR,
der Arbeitsgruppe Geo- und Kosmoswissenschaften der Klasse
Physik der AdW der DDR,
dem Forschungsbereich Geo- und Kosmoswissenschaften der AdW der DDR
und dem Institut für Geographie und Geoökologie der AdW der DDR

Herausgegeben im Auftrage
des Präsidenten der Akademie
der Wissenschaften der DDR
von Vizepräsident Prof. Dr. Heinrich Scheel

Erschienen im Akademie-Verlag, DDR-1080 Berlin, Leipziger Str. 3—4

Lizenznummer: 202 · 100/65/80
Gesamtherstellung: VEB Druckhaus Köthen
Bestellnummer: 762 856 7 (2010/80/5/N) · LSV 1445
Printed in GDR
DDR 13.50 M

Inhalt

Werner Scheler

(Vorgetragen von K. Bichtler)

Zum 75. Geburtstag von Edgar Lehmann

Hochverehrter Jubilar Professor Dr. Lehmann;
meine verehrten Damen und Herren
Kolleginnen und Kollegen
Im Auftrag des Präsidenten unserer Akademie,
Professor Dr. Scheler, sowie des Präsidiums
der AdW habe ich die hohe Ehre, anläßlich
dieses Festkolloquiums zu Ehren des
75. Geburtstages von Professor Dr. Lehmann
die folgende Laudation der AdW der DDR
vorzutragen.

Die Persönlichkeit des Ordentlichen Mitgliedes der Akademie der Wissenschaften der DDR, des Vizepräsidenten der Sächsischen Akademie der Wissenschaften zu Leipzig, Prof. Dr. Dr. Ing. E. h. Edgar Lehmann, zu würdigen, bedeutet, ein breites Spektrum seines wissenschaftlichen Wirkens zu überschauen.

Fünf Jahrzehnte schöpferischer wissenschaftlicher Arbeit, gekennzeichnet durch Hingabe, tief empfundene Verantwortung und Liebe zur Wissenschaft, prägten die Persönlichkeit des weit über die Grenzen unseres Landes hinaus geschätzten und geehrten Jubilars. Edgar Lehmann studierte an der Universität Berlin Geographie, Geologie, Geschichte und Philosophie und promovierte 1930. Schon in den Jahren vor dem zweiten Weltkrieg trat er mit einer Reihe wissenschaftlicher Arbeiten hervor und sammelte umfangreiche praktische Erfahrungen in der Kartographischen Anstalt des Bibliographischen Instituts in Leipzig.

Wie für viele seiner Generation waren die Zerschlagung des Faschismus und die grundlegenden gesellschaftlichen Veränderungen, die in ihrem Gefolge auf dem Boden unserer Republik herbeigeführt wurden, auch für ihn in mancher Hinsicht eine Zeit des Neubeginns. Von seiner zutiefst humanistischen Grundposition zur Wissenschaft und zum Leben aus setzte sich der Jubilar als aufrichtig Suchender mit diesen gesellschaftlichen Wandlungen und ihren Ursachen auseinander und vollzog einen inneren Klärungsprozeß, der für ihn nicht immer leicht gewesen sein mag. Daraus erwuchs aber schließlich der stete Einsatz der ganzen Persönlichkeit Edgar Lehmanns als bewußter Mitgestalter unserer sozialistischen Gesellschaft. In diesem Sinne wirkte und wirkt er für die Entwicklung seines Fachgebietes, für die Förderung der Wissenschaft, besonders auch ihrer praxisnahen Orientierung, und nicht zuletzt für ihre internationale Wirksamkeit im Interesse des gesellschaftlichen Fortschrittes.

Die Persönlichkeit von Edgar Lehmann ist in starkem Maße mit der Entwicklung zweier verwandter Wissenschaftsdisziplinen verbunden, der Geographie und der Kartographie. Dennoch verstand er sich selbst stets in erster Linie als Geograph, der er von seinem Studium und vielen bedeutenden wissenschaftlichen Leistungen her ist.

Aus der Fülle geographischer Arbeiten des Jubilars wird sein wissenschaftliches Gesamtanliegen sichbar: Immer ging es ihm um die komplexe Erfassung der Region als Einheit und Gefüge verschiedener Komponenten und Einflußgrößen. Obwohl er dabei Naturfaktoren in ihrer nicht zu vernachlässigenden Wirkung einbezog, legte er stets besonderes Gewicht auf die gesellschaftlichen Bedingungen, insbesondere die ökonomischen, sozialen, demographischen und kulturhistorischen, die den Charakter, das Wesen von Regionen entscheidend prägen.

So schrieb er: „Regionen ... sind gesellschaftsbestimmt. Regionen sind vitale, durch Natur, Wirtschaft, Gesellschaft, Politik und Kultur, d. h. in erster Linie durch den Menschen als schöpferischer Dominante geprägte Wirklichkeitsbereiche“, deren Gestaltung nicht in Konflikt mit den Wirkungsfaktoren der Natur geraten dürfe. Von dieser Grundposition aus hat der Jubilar selbst bemerkenswerte Beispiele regionalgeographischer Arbeiten gegeben.

Edgar Lehmann erkannte früher und tiefer als mancher andere seiner Generation, daß die Geographie in unserer Zeit einem Wandlungsprozeß unterliegt, der — wie er formulierte — darauf gerichtet ist, „... neue Grundlagen für eine wissenschaftlich umfassende Beherrschung der von der Wirtschaft und Gesellschaft ausgelösten Wandlungen in der natürlichen wie in der künstlichen, vom Menschen selbst geschaffenen Umwelt zu gewinnen.“ Und er schrieb weiter: „Der Schwerpunkt der Forschung verschiebt sich von der Herausarbeitung der räumlich dinglichen Erscheinungen, denen heute wie ehedem eine wichtige Bedeutung zuzumessen ist, auf eine Untersuchungsebene, in der die Ordnungsprinzipien, die Baupläne, die Systemzusammenhänge eines geographischen Raumausschnittes im Mittelpunkt stehen“. Von einer solchen Auffassung über die Geographie ausgehend, hat Edgar Lehmann der Entwicklung dieser Disziplin in unserem Lande vielfältige Impulse gegeben. Davon zeugt vor allem eine große Zahl wissenschaftlicher Arbeiten aus der Feder des Jubilars, die theoretischen und methodologischen Problemen gewidmet sind.

Ein Wesenszug des Jubilars ist sein ständiges Streben nach anschaulicher Darstellung der durch die Geographie gewonnenen Erkenntnisse. Besonders wird das in dem umfassenden Werk Edgar Lehmanns auf dem Gebiet der Kartographie sichtbar. Begründet in großen persönlichen Erfahrungen, vielfältigen neuen Ideen und international anerkannten Leistungen, ist der Jubilar heute wie in der Geographie, so auch in der Kartographie ein führender Repräsentant unserer Wissenschaft. Dem wissenschaftlichen Anliegen Edgar Lehmanns entspricht es zutiefst, wenn er eine Kartographie verkörpert, die aus einer engen Verbindung zur Geographie ihre wichtigsten Impulse und theoretischen Grundlagen erhält und gleichzeitig der Geographie in hohem Maße dienstbar gemacht wird.

Die tragenden Ideen seines umfangreichen kartographischen Schaffens wurden – um nur wenige daraus hervorzuheben – bereits vor mehreren Jahrzehnten in dem Weltatlas „Die Staaten der Erde und ihre Wirtschaft" und in den „Historisch-geographischen Kartenwerken über Indien und Westeuropa" besonders deutlich, die maßgeblich auf seine Initiative hin entstanden und an deren Konzipierung und Gestaltung er entscheidend mitwirkte. In diesen und anderen kartographischen Arbeiten spiegelt sich das stete Bestreben Edgar Lehmanns wider, eine möglichst äquivalente kartographische Darstellung räumlicher Struktur in Natur und Gesellschaft zu erreichen.

Höhepunkt und erneuter Beweis der Fruchtbarkeit seines kartographischen Werkes ist der „Atlas Deutsche Demokratische Republik", der unter seiner Leitung durch ein großes Kollektiv von Wissenschaftlern unserer Republik geschaffen wurde. Bereits die erste Lieferung dieses bedeutenden Kartenwerkes hat in der wissenschaftlichen Öffentlichkeit des In- und Auslandes Beachtung und Anerkennung gefunden. Weiterhin förderte der Jubilar mit seiner ganzen Persönlichkeit eine Entwicklung, die die Karte nicht nur als Anschauungsmittel, sondern zunehmend auch als Forschungs- und Planungsmittel bei der Veränderung der Territorialstruktur entsprechend den Bedürfnissen unserer Gesellschaft, bei Umweltgestaltung und Umweltschutz zur Wirkung bringt.

In engster Beziehung zu seinen vielfältigen persönlichen wisssenschaftlichen Arbeiten stehend, hat sich Edgar Lehmann besondere Verdienste um die geographische Lehre und Forschung sowie um die Verbreitung wissenschaftlicher Erkenntnisse der Geographie in der Öffentlichkeit erworben. Dabei erwies er sich nicht nur als ideenreicher Wissenschaftler, sondern vor allem auch als weitsichtiger Leiter wissenschaftlicher Einrichtungen und Gremien, der in engem Zusammenwirken mit anderen Kollegen neue Ideen zielstrebig und beharrlich zu verwirklichen suchte, als stets äußerst anregender Diskussionspartner und als Förderer des wissenschaftlichen Nachwuchses. Ausdruck dafür ist seine erfolgreiche Tätigkeit als Hochschullehrer, während der er mehrere Jahre als Direktor des Geographischen Instituts der Karl-Marx-Universität wirkte, und seine langjährige Mitarbeit in Leitungsgremien des Hochschulwesens, wie im Rat der Fakultät für Mathematik und Naturwissenschaften der Karl-Marx-Universität und im Wissenschaftlichen Beirat für Geographie beim Ministerium für Hoch- und Fachschulwesen.

Seit 1950 stand der Jubilar fast zwanzig Jahre hindurch dem damaligen Deutschen Institut für Länderkunde als Direktor vor, dessen neues Profil unter anfangs oft schweren materiellen Bedingungen von ihm ganz entscheidend geprägt wurde. Die von diesem Institut betriebenen wissenschaftlichen Arbeiten, insbesondere die auf eine breite Öffentlichkeit gerichteten geographischen Ausstellungen, unter denen hier nur die zum Thema „Chemische Industrie und geographischer Raum“ hervorgehoben werden soll, eine große Zahl wissenschaftlicher Publikationen und umfangreiche Dokumentationsarbeiten haben im In- und Ausland hohe Anerkennung gefunden.

Darüber hinaus wirkte Edgar Lehmann von 1962 bis 1968 als Vorsitzender der Sektion Geographie bei der Akademie der Wissenschaften. Unter seiner Leitung stellte sich diese Sektion von Anfang an das Ziel, nicht nur Diskussionen über wissenschaftliche Probleme zu führen, sondern vor allem gemeinsame Forschungsvorhaben der Geographie zu konzipieren, in bestimmtem Maße zu planen und durch die Tätigkeit ihrer Mitglieder, die die Mehrzahl der wissenschaftlichen Einrichtungen des Faches und einiger Nachbardisziplinen repräsentierten, in die Tat umzusetzen. Somit hatte der Jubilar maßgeblichen Anteil daran, daß durch die Arbeit der Sektion Geographie bei der Akademie auf diesem Fachgebiet begonnen wurde, in der Forschung bestimmte Schwerpunkte zu setzen und anzustreben, in enger Gemeinschaftsarbeit von Wissenschaftlern verschiedener Einrichtungen anspruchsvolle Forschungsaufgaben zu bearbeiten, deren Ergebnisse in unserer Gesellschaft wirksam werden und die Wissenschaft bereichern.

Die hervorragende Rolle Edgar Lehmanns in der geographischen Forschung der DDR kulminierte in seinem umfangreichen persönlichen Wirken für die Gründung des Geographischen Instituts, des heutigen Instituts für Geographie und Geoökologie der Akademie der Wissenschaften der DDR, im Jahre 1969, das aus dem Institut für Länderkunde hervorging. Wenn mit der Gründung dieses Akademieinstitutes begonnen wurde, eine moderne Forschungsstätte der Geographie in unserer Republik zu schaffen, dann ist der persönliche Anteil, den Edgar Lehmann als erster Direktor daran hatte, wohl kaum hoch genug zu bewerten.

Besonders nahm er maßgeblichen Einfluß auf die Herausbildung eines zeitgemäßen wissenschaftlichen Profils dieses Institutes, förderte solche Forschungen, deren Ergebnisse Grundlagen für die Lösung von Problemen in der gesellschaftlichen Praxis erwarten lassen, und nahm die vielfältigen Belastungen der Leitungstätigkeit bei der Entstehung des Instituts auf sich. Die Kollegen und Freunde des Jubilars haben stets mit Freude und Dankbarkeit gespürt, wie eng er sich auch nach seiner Emeritierung dem Institut verbunden fühlt und seine wissenschaftliche Entwicklung stets mit Rat und Tat unterstützt.

Darüber hinaus sind viele weitere Entwicklungsetappen der Geographie in unserer sozialistischen Gesellschaft mit dem Wirken Edgar Lehmanns verbunden. So gehörte er zu den Gründern der Geographischen Gesellschaft der DDR und ist bis in die Gegenwart ein aktives Mitglied ihres Hauptvorstandes; er ist langjähriges Mitglied des Nationalkomitees für Geographie und Kartographie der DDR und hat hohen persönlichen Anteil daran, daß die Geographen der DDR 1960 gleichberechtigt in die Internationale Geographische Union aufgenommen wurden. Mit Ideenreichtum und Tatkraft leitete er vier Jahre hindurch die Kommission National- und Regionalatlanten dieser Union.

Somit verkörpert sich im Wirken des Geographen und Kartographen Edgar Lehmann die Einheit von persönlicher wissenschaftlicher Leistung, tatkräftiger Leitung wissenschaftlicher Kollektive und internationaler Vertretung der Wissenschaft unseres sozialistischen Staates in einer für uns Jüngere beispielhaften Art und Weise.

Edgar Lehmann beschränkte als hervorragender Repräsentant der Geographie und Kartographie unseres Landes sein wissenschaftliches Wirkungsfeld niemals nur auf spezifische Probleme seines Fachgebietes. Er hat vielmehr weit darüber hinaus als Leiter und Mitglied wissenschaftlicher Gremien auch an interdisziplinären Aufgaben maßgeblich mitgewirkt. Hier seien nur seine verdienstvolle Tätigkeit als Sekretar der Klasse Chemie, Geologie und Biologie, als Leiter der Klasse Umweltschutz und Umweltgestaltung unserer Akademie, als Vorsitzender des Wissenschaftlichen Beirates für Heimatforschung sowie als Mitglied der Wissenschaftlichen Räte des Forschungsprogrammes Geo- und Kosmoswissenschaften und seiner Hauptforschungsrichtung Geographie, Hydrologie, Meteorologie hervorgehoben. Durch viele persönliche Beiträge wirkte und wirkt der Jubilar in diesen Gremien stets aktiv und anregend mit. Gleichzeitig hat ihm diese Tätigkeit Impulse für eine beträchtliche Anzahl wissenschaftlicher Arbeiten, insbesondere zu Umweltproblemen und zu Fragen der Heimatforschung in unserer Gesellschaft, gegeben. Wenn er diese Publikationen auch stets aus der Perspektive des Geographen und Kartographen verfaßte, berührte ihr Inhalt doch grundsätzliche Probleme, weit über sein eigentliches Fachgebiet hinaus.

Die hohe Anerkennung und Wertschätzung für das wissenschaftliche Werk von Edgar Lehmann kam in vielen Ehrungen und Auszeichnungen zum Ausdruck. So wurde er 1959 zum Korrespondierenden Mitglied und 1961 zum Ordentlichen Mitglied der Akademie der Wissenschaften der DDR sowie 1959 zum Mitglied der Sächsischen Akademie der Wissenschaften zu Leipzig gewählt. Seit 1971 wirkt er unermüdlich und tatkräftig als Vizepräsident der Sächsischen Akademie der Wissenschaften.

Unser sozialistischer Staat würdigte die hervorragenden Leistungen des Jubilars mit der Verleihung des Vaterländischen Verdienstordens. Darüber hinaus wurde der Jubilar auf dem Gebiet der Geographie und Kartographie mit zahlreichen wissenschaftlichen Ehrungen hoch gewürdigt. Unter ihnen seien die Ehrenmitgliedschaft der Geographischen Gesellschaft der UdSSR 1970, die Ehrendoktorwürde (Dr. Ing. E. h.) der Eidgenössischen Technischen Hochschule in Zürich (1955) und die Verleihung zahlreicher Medaillen durch wissenschaftliche Gesellschaften des In- und Auslandes hervorgehoben.

Es entspricht der Persönlichkeit Edgar Lehmanns, wenn er diese hohen Auszeichnungen und Ehrungen stets in erster Linie als Verpflichtung empfand, mit seinem ganzen Können und Wissen für die Förderung der Wissenschaft und ihre gesellschaftliche Wirksamkeit einzutreten. Durch seine persönlichen wissenschaftlichen Leistungen, die nimmermüde Aktivität, mit der er seine akademischen Ämter wahrnimmt, durch die unter seiner Leitung auf vielen Gebieten erzielten Ergebnisse und seine menschliche Lauterkeit fand und findet Edgar Lehmann Anerkennung, Wertschätzung und aufrichtige Zuneigung bei Mitgliedern und Mitarbeitern der Akademie und in einer breiten wissenschaftlichen Öffentlichkeit.

Kurt Schwabe
(Vorgetragen von R. Große)

Sehr verehrter Herr Lehmann,

ich habe die schöne Pflicht, Ihnen namens des Präsidiums und der Mitglieder der Sächsischen Akademie der Wissenschaften zu Leipzig die herzlichsten Glückwünsche zu Ihrem 75. Geburtstag auszusprechen.

Wir ehren an diesem Tag unser langjähriges Mitglied und vor allem unseren Vizepräsidenten, und ich verbinde mit unseren Wünschen den Dank für die stete Anteilnahme am Schicksal unserer Akademie und für vielerlei Hilfe, die Sie mir als Präsident gewährt haben.

Sie sind eine der bedeutendsten Persönlichkeiten, die der kartographischen Forschung entscheidende Impulse gegeben hat. Die seinerzeit aufsehenerregende Herausgabe des Großen Weltatlas mit seinen bis dahin nicht gebräuchlichen Großraumkarten hat Ihren Namen weithin bekannt gemacht.

Theoretische Studien zur Kartographie und die Mitarbeit in internationalen Gremien trugen Ihnen den ehrenvollen Auftrag ein, das Internationale Jahrbuch für Kartographie in leitender Funktion mitzugestalten.

Nach dem zweiten Weltkrieg haben Sie wiederum einen sehr persönlich gestalteten Atlas geschaffen, der in unzähligen Auflagen den Atlasmarkt der DDR beherrschte. Neben anderen kartographischen Leistungen, wie dem historischen Atlas für Indien, übernahmen Sie in den letzten Jahren die Verantwortung für die Herausgaben der Atlanten der DDR.

Durch die Verleihung des Dr.-Ing. ehrenhalber der Eidgenössischen Technischen Hochschule wurde Ihnen international hohe Achtung und Anerkennung entgegengebracht.

Neben Ihrer Lehrtätigkeit an der Karl-Marx-Universität Leipzig haben Sie lange Jahre das Deutsche Institut für Länderkunde geleitet, das Sie am Ende Ihrer Amtszeit in ein Institut der Akademie der Wissenschaften der DDR umwandeln konnten und das heute den Namen „Institut für Geographie und Geoökologie“ trägt.

Ihr wissenschaftliches Wirken ist geprägt von einer tiefgehenden historischen Betrachtungsweise. In diesem Sinne kommen Ihre speziellen Interessen in der Historischen Kommission unserer Akademie vorrangig zur Geltung. Was inzwischen vom Historischen Atlas von Sachsen erscheinen konnte, ist nicht zuletzt durch Ihre Anregungen und Mitwirkungen zustande gekommen.

In der Akademie der Wissenschaften der DDR leiten Sie die Klasse für Umweltschutz und Umweltgestaltung, und in unserer Akademie sind Sie in der Kommission für spezielle Umweltprobleme ein tätiges Mitglied und ein anregender Berater.

Jedem der Teilnehmer unserer 125-Jahrfeier ist Ihr Vortrag über sozialgeographische Faktoren der Umwelt gegenwärtig, der dann unter dem Titel „Immaterielle Werte in der Umweltgestaltung“ in unserer Festschrift erschienen ist.

So gedenken wir Ihrer zu Ihrem Geburtstag als einer überragenden Forscherpersönlichkeit, deren kritisches Denken auf der Grundlage einer echten humanistischen Gesinnung, deren umfassende Allgemeinbildung, deren Liebe zur Kunst und deren Freundlichkeit und Güte uns hohe Achtung, Anerkennung und Verehrung gebieten.

Ich selbst darf Ihnen noch recht viele Jahre in bester Gesundheit und Schaffenskraft, auch in unserem Kreise, wünschen, und darf Ihnen versichern, daß ich an Ihrem Leben und Wirken von Herzen Anteil nehme.

Heinz Lüdemann

Hochverehrter Herr Kollege Lehmann!

Vor wenigen Tagen feierten Sie Ihren 75. Geburtstag. Wir alle, die wir Ihnen unsere Glückwünsche darbrachten und mit Ihnen und Ihrer Familie in froher Runde einige Stunden beisammen sein konnten, spürten wie schon so oft, daß Sie sich, verehrter Herr Lehmann, in einem Maße geistige Frische, Weite des wissenschaftlichen Horizontes und Aufgeschlossenheit gegenüber neuen Erfordernissen und wissenschaftlichen Gedankengängen bewahrt haben, wie es manchem Jüngeren zur Ehre gereichen würde.

Das heutige Festkolloquium ist so recht geeignet, noch einmal zu betonen, daß Sie schon durch Ihr bisheriges Lebenswerk nachhaltige Impulse für die Entwicklung der Geographie und die mit ihr eng verbundene thematische Kartographie gegeben haben, die von bleibender Wirkung sein werden. Davon zeugen Ihre wissenschaftlichen Arbeiten, Ihre hohen akademischen Ämter und vielfältige Auszeichnungen und Ehrungen, die Ihnen im In- und Ausland zuteil wurden. In ganz besonderem Maße sind wir, Ihre Fachkollegen am Institut für Geographie und Geoökologie unserer Akademie, glücklich und froh darüber, in wie starkem Maße Sie immer tätigen Anteil an der wissenschaftlichen Entwicklung unseres Institutes nehmen, dessen Initiator, Gründer und erster Direktor Sie sind. Ihre in fünf Jahrzehnten schöpferischer wissenschaftlicher Arbeit gewonnenen Erkenntnisse und Erfahrungen, Ihre hohe Achtung und schöpferische Haltung gegenüber unserem wissenschaftlichen Erbe sind immer ein Quell der Bereicherung des wissenschaftlichen Lebens an unserem Institut.

Das drückt sich nicht nur in der umfangreichen und angestrengten Arbeit aus, die Sie auch nach Ihrer Emeritierung zur wissenschaftlichen Vorbereitung des „Atlas Deutsche Demokratische Republik“ geleistet haben. Besonders möchte ich an dieser Stelle Ihre vielfältigen konstruktiven und kritischen Beiträge während der Kolloquien unseres Instituts hervorheben. Manchmal nur in Form einer interessanten Frage, mitunter aber auch in gekonnter, niemals verletzender wissenschaftlicher Polemik, machen Sie auf Probleme aufmerksam, die nicht oder nicht ausreichend gelöst sind, die man aus der Sicht heranreifender gesellschaftlicher Anforderungen und wissenschaftlicher Fragestellungen neu durchdenken sollte. In ganz ähnlicher Weise arbeiten Sie, verehrter Herr Kollege Lehmann, auch in einer großen Zahl anderer wissenschaftlichen Gremien mit, unter denen ich hier nur den Wissenschaftlichen Rat der Hauptforschungsrichtung Geographie, Hydrologie, Meteorologie hervorheben möchte. Wohl alle Mitglieder dieses Gremiums haben oft gespürt, wie überaus anregend Ihre Beiträge zur Diskussion forschungsstrategischer Probleme sind. Für mich selbst, der ich vor einem Jahrzehnt die Leitung des Instituts aus Ihren Händen übernehmen durfte, war und ist Ihr Rat, der sich auf tiefe wissenschaftliche Einsichten und reiche Lebenserfahrung gründet, stets von unschätzbarem Wert.

Für all das möchte ich Ihnen, verehrter Herr Kollege Lehmann, am heutigen Tage nochmals aufrichtig danken. Ich bin sicher, daß ich damit sowohl die Gefühle der Kollegen zum Ausdruck bringe, die schon unter Ihrer Leitung am Institut tätig waren, als auch im Namen derjenigen spreche, die später ihre Arbeit bei uns aufnahmen.

Wir alle werden ganz in Ihrem Sinne wissenschaftliche Leistungen erstreben, die einen hohen Erkenntniswert mit möglichst großem Nutzen für die Praxis unseres gesellschaftlichen Lebens verbinden. Dabei können wir an die guten wissenschaftlichen Ergebnisse der zurückliegenden Zeit anknüpfen, sind uns aber gleichzeitig bewußt, daß auch in der Geographie und der thematischen Kartographie viele neue Probleme einer wissenschaftlichen Lösung harren. Unter ihnen seien hier nur Forschungen zu komplexen Problemen der Gebietsentwicklung, zu den Wechselwirkungen zwischen gesellschaftlichen Aktivitäten und Naturraum und zur rationellen Flächennutzung hervorgehoben, deren Bearbeitung den Einsatz neuer Forschungsmethoden, wie der Geofernerkundung, der Systemanalyse und Modellierung einschließt. Derartige Forschungsaufgaben setzen künftig ein integratives Zusammenwirken der naturwissenschaftlichen und der gesellschaftswissenschaftlichen Zweige der Geographie voraus, das über das heute praktizierte Maß weit hinausgeht. Ideenreich wissenschaftlich voranzugehen und nach noch besserer gesellschaftlicher Wirksamkeit der Forschungsergebnisse zu streben, ist die beste Art, in der wir das von Ihnen begonnene Werk fortsetzen wollen.

Aus der Vielzahl der Wissenschaftler verschiedener Disziplinen, die Ihnen, verehrter Herr Kollege Lehmann, in fachlicher und menschlicher Hinsicht nahe stehen, können heute nur einige wenige mit wissenschaftlichen Vorträgen zu Wort kommen. Dennoch wird in diesen Vorträgen erneut sichtbar, daß Ihr wissenschaftliches Wirken nicht allein auf Geographie und thematische Kartographie beschränkt ist, sondern weit in das interisziplinäre Aufgabengebiet umweltrelevanter Forschungen hineinreicht. Ich darf nunmehr Sie, meine sehr verehrten Herren Kollegen, bitten, das Wort zu Ihren Vorträgen zu nehmen.

Veröffentlichungen von Edgar L e h m a n n

1930–1943

Bevölkerungsverteilung und Bevölkerungsverschiebung im Gottscheer Hochland.– Jubiläums-Festbuch der Gottscheer 600-Jahrfeier, 1930, S. 174–187.

Hamburg.– Einleitender Aufsatz in Meyers Reiseführer, Leipzig 1932.

Raum und Grenzen – Abschnitt im Artikel „Gottschee".– Handwörterbuch des Grenz- und Auslandsdeutschtums, hrsg. von Petersen, Huth und Schwalm, Breslau, Bd. III, 1932, S. 58–59.

Das Gottscheer Hochland. Grundlinien einer Landeskunde.– Phil. Diss. Berlin 1933, 67 S. (zugl. in: Wiss. Veröff. d. Museums f. Länderkunde zu Leipzig, NF Bd. 2, 1933, S. 1–68).

Der Große Weltatlas. Bemerkungen zu den Karten.– Leipzig 1934, S. 1–10.

Die Erde im Spiegel der Landkarte.– Meyers Hausatlas (Großquartformat), Leipzig 1935, S. 1–32.

Alte Deutsche Landkarten. — Leipzig 1935, 52 S.

Europa in Brasilien.– Deutsche Rundschau, 1935, S. 91–98.

Zur Kulturgeographie der japanischen Siedlungen in Brasilien.– Wiss. Veröff. d. Museums für Länderkunde zu Leipzig, NF Bd. 3, 1935, S. 207–216.

Die Staaten der Erde.– Meyers Hausatlas, Leipzig 1935, S. 3–79.

Die Stellung der deutschen Kartographie.– Archiv für Buchgewerbe und Gebrauchsgrafik, Bd. 77, 1940, (Großfolio), S. 339–341.

Die Entwicklung der mitteldeutschen Kartographie.– Jahrbuch der Kartographie 1941, S. 203–212 und 1942, S. 77–96.

Hermann Haack und die deutsche Kartographie. –
Petermanns Geogr. Mitt., **88**, 1942, S. 409–414.
Eine Farbentafel für die Landkartenherstellung. –
Archiv f. Buchgewerbe und Gebrauchsgrafik, Bd. 79, 1942, S. 540–541.
Zur kartographischen Bearbeitung des Historisch-Geographischen Atlas von Europa (als Manuskript gedruckt). –
Historisch-Geographischer Atlas von Europa, mit Beiträgen von Karl Griewank, E. Meynen u. a., Leipzig 1943.

1946

Senefelders Bedeutung für die Kartographie. –
Das Buchgewerbe (Großquartformat), 1946, S. 68–70.

1950

Japanische Siedlung und Wirtschaft in Südamerika. –
Mitt. d. Geogr. Ges. Hamburg, Bd. 49, 1950, S. 5–35.

1952

Kartographie als Technik und Wissenschaft. –
Petermanns Geogr. Mitt., **96**, 1952, S. 73–84.
Einleitung (Vorwort) anläßl. des Wiedererscheinens der Wiss. Veröff. des Deutschen Inst. f. Länderkunde. – daselbst NF Bd. 11, 1952, S. 1–8.
Der Soziogeographische Faktor in der landeskundlichen Darstellung Sachsens. Habil.-schrift, Leipzig 1952, 48 S.
(zugl. in: Wiss. Veröff. d. Deutschen Inst. f. Länderkunde, NF Bd. 11, 1952, S. 1–48).

1953

Zwei Ausstellungen des Deutschen Instituts für Länderkunde. – Wiss. Veröff. d. Deutschen Inst. f. Länderkunde, NF Bd. 12, 1953, S. 175–201.

1954

Zur Wirtschafts- und Sozialstruktur Brasiliens. –
Heinrich-Schmitthenner Heft von Petermanns Geogr. Mitt., **98**, 1954, S. 318–323.

1955

Gedanken zur Leipziger Ausstellung „Die Landkarte". –
Petermanns Geogr. Mitt., **99**, 1955, S. 48–58.

1957

Werden und Wesen der Landkarte. –
Urania, **20**, 1957, 1, S. 5–9.

Die Karte als wissenschaftliche Ausdrucksform. Diskussionsbeitrag. –
Deutscher Geographentag Würzburg. Tagungsberichte und wiss. Abhandlungen, Wiesbaden 1957, S. 280–285.

Wirtschaftsatlanten. –
Kartographische Studien (Haack-Festschrift).
Petermanns Geogr. Mitt., Ergänzungsheft 264, Gotha 1957, S. 69–88.

1958

Indien. Entwicklung seiner Wirtschaft und Kultur. –
Texterläuterungen. –
Indien. Entwicklung seiner Wirtschaft und Kultur. Histor.-Geogr. Kartenwerk, Leipzig 1958, S. 3–12.

Zur Eröffnung der Museumsabteilung des Deutschen Instituts für Länderkunde. –
Wiss. Veröff. d. Deutschen Inst. f. Länderkunde, NF Bd. 15/16, 1958, S. 373–383.

Historische Züge der Landwirtschaftsentwicklung im südlichen Brasilien. –
Wiss. Veröff. d. Deutschen Inst. f. Länderkunde, NF Bd. 15/16, 1958, S. 51–93.

Günther Köhler in memoriam. –
Geogr. Berichte, **9**, 1958, 3, S. 221–223.

1959

Carl Ritters kartographische Leistung. –
Die Erde. Ztschr. d. Gesellschaft f. Erdkunde zu Berlin, **90** 1959, 2, S. 184–222.

Albrecht Penck. Eine Gedächtnisrede. –
Akademie der Wissenschaften zu Berlin. Vorträge und Schriften. Heft 64, Berlin 1959, 24 S.

Die amerikanische Reise Alexander von Humboldts. –
Alexander von Humboldt. Hrsg. von Gerhard Harig, Leipzig/Jena 1959.

Zur Problematik der Nationalatlanten. –
Petermanns Geogr. Mitt., **103**, 1959, S. 300–310.

1960

XIX. Internationaler Geographen-Kongreß und X. Generalversammlung der Internationalen Geographischen Union in Stockholm. –
Mitteilungsblatt für die Mitarbeiter der Deutschen Akademie der Wissenschaften zu Berlin, **6**, 1960, 6.

1961

Die Verhandlungen der Kommission für Nationalatlanten des Internationalen Geographen-Kongresses in Stockholm 1960. –
Petermanns Geogr. Mitt., **105**, 1961, 1, S. 33–35.

Möglichkeiten und Grenzen in der Entwicklung neuer Atlaskarten. –
Kartographische Nachrichten, Gütersloh 1961, S. 61–69.

Die Heimatkunde als Aufgabe der thematischen Kartographie. Dargestellt an einem Kartenentwurf aus dem Bereich des Elbsandsteingebirges. –
Geogr. Berichte, **12**, 1961, 3, S. 252–261.

1962

Harry Waldbaur. –
Berichte zur Deutschen Landeskunde, Bad Godesberg 1962, S. 65–70.

Probleme der Atlaskartographie (anl. d. öffentl. Leibnizsitzung am 18. 11. 61). –
Dt. Literaturzeitung **11**, 1962.

1963

Cartography from an international point of view. –
„Chatterjee-Festschrift" der Indischen Geographischen Gesellschaft. (Essays on Geography) Calcutta, 1963, S. 93–98.

Die Landformen als Problem der morphographischen Kartierung. –
Lehre, Forschung, Praxis, Leipzig 1963, S. 185–197.

Ein neuer Weg für den Entwurf physischer Atlaskarten. –
Forschungen und Fortschritte, 3, 1963, S. 76–78.

Historische Prinzipien in der geographischen Raumforschung. –
Petermanns Geogr. Mitt., Ergänzungsheft 271, 1963.

Das Gleichberggebiet. Ergebnisse der heimatkundlichen Bestandsaufnahme im Gebiet von Haina und Römhild, Thüringen. Vorwort. –
Werte der deutschen Heimat 6, Berlin 1963.

1964

Creation of the Regional Atlas „German Democratic Republic", outline Regional Atlas of the GDR. – Budapest 1964.

Die Lage Leipzigs und des Leipziger Landes. –
Wiss. Veröff. d. Deutschen Inst. f. Länderkunde, NF Bd. 21/22, 1964, S. 5–18.

Die Aufgabenkonzeption der Sektion für Geographie der Deutschen Akademie der Wissenschaften zu Berlin. –
Petermanns Geogr. Mitt., **108**, 1964, 1–2, S. 91–97.

Neue Wege großmaßstäbiger kartographischer Darstellung in der Morphographie und Morphologie. –
Beiträge zur Raumforschung, Schriftenreihe der Österr. Ges. z. Förderung v. Landesforschung u. Landesplanung, 2, Wien 1964, S. 71–82.

Physical Atlas Maps. (By an essay in „Forschungen und Fortschritte, 37. Jg. H. 3, p. 76). –
Internationales Jahrbuch für Kartographie IV, Gütersloh 1964, S. 25–29.

1965

Eduard Imhof zum 70. Geburtstag. –
Kartographische Nachrichten, 15, Gütersloh 1965, 1, S. 1–5.

1966

Leipzigs Stellung im regionalen Funktionsgefüge. –
Erdkunde, Archiv f. wiss. Geogr., **XX**, Lfg. 1, Bonn 1966, S. 30–37.
Bemerkungen zur regionalgeographischen Problematik. –
Wiss. Veröff. d. Deutschen Inst. f. Länderkunde, Bd. N. F. 23/24 1966, S. 7–13.
Kulturlandschaftliche Auswirkungen der Chemie–Industrie im Halle-Leipziger Raum. –
Verhandlungen des Dt. Geographentages, Wiesbaden 1966, S. 205–218.
Zur Frage der regionalen Systematik. –
Wiss. Ztschr. der Karl-Marx-Universität Leipzig. Math.-naturwiss. Reihe *15* 1966, S. 701–702.

1967

Die räumliche Differenzierung der Industrie und Bevölkerungsagglomeration im Halle-Leipziger Gebiet. –
Sitzungsberichte der Sächsischen Akademie der Wissenschaften zu Leipzig, Philosoph.-histor. Klasse **113**, 1967, 24 S.
Geographie als angewandte Wissenschaft. –
Sitzungsberichte der Deutschen Akademie der Wissenschaften zu Berlin, Klasse für Chemie, Geologie, Biologie, Nr. 1, 1967, 27 S.
Regionale Geographie und naturräumliche Gliederung. –
Wiss. Abhandlungen der Geogr. Ges. der DDR **5**, 1967, S. 1–21.

1968

Die Typisierung als Problem der kartographischen Darstellung im „Atlas DDR". –
Petermanns Geogr. Mitt., **112**, 1968, S. 61–71.

1969

Ein thematischer Weltatlas. –
Petermanns Geogr. Mitt., **113**, 1969, S. 226–230.
Weltkongreß der Kartographen in New Delhi. –
Spektrum 15, 1969, S. 187–188.

1970

Aufgabenstellung und Ziele physisch-geographischer Forschungen im Döllnitzgebiet. –
Wiss. Veröff. des Geogr. Instituts der AdW NF 27/28, Leipzig 1970, S. 387–395.
Der Bildungswert der Geographie als Wissenschaft. –
Geogr. Berichte **15**, 1970, S. 15–21.
Charakteristik der themengebundenen kartographischen Gestaltungsgrundsätze. Der „Atlas DDR" im Vergleich zu anderen Nationalatlanten. –
Petermanns Geogr. Mitt., **114**, 1970, S. 152–158.

1972

Symbol Systems in Thematic Cartography. –
Internationales Jahrbuch für Kartographie **XII**, 1972, S. 28–32.

Erläuterungen zu den Aufgaben der problemgebundenen Klasse „Optimale Gestaltung der Umweltbedingungen — Mensch und Umwelt". — Wiss. Thesen der AdW, Heft 2, 1972, S. 6–8.

Ist der Wert bestimmter Umweltbereiche quantitativ meßbar? –
Die Wirtschaft **27**, 1972, Nr. 45, S. 19.

Hermann Haacks Wirkungsaktualität. Zum 100. Geburtstag von Hermann Haack. –
Petermanns Geogr. Mitt., **116**, 1972, S. 241–246.

Einleitung zum 1. Akademie-Kolloquium der problem-gebund. Klasse „Optimale Gestaltung der Umwelt" über den Begriff „Umwelt". –
Wiss. Thesen, Heft 3, 1972.

1973

Zur Theoretischen Grundlegung des Begriffes Region. –
Geogr. Berichte, **66**, 1973, 1, S. 41–48.

Wandlungen im Gegenstand und in der Methode der Geographie in Beziehung zur Entwicklung des Geographischen Instituts der Akademie der Wissenschaften. –
Veröff. des Forschungsbereichs Kosmische Physik der AdW, Berlin 1973, S. 5–21.

Quantitativ nicht erfaßbare Werte in der Umweltforschung. –
Geogr Berichte **68** 1973, 3, S. 168–173.

Die Klasse „Umweltschutz und Umweltgestaltung" der Akademie der Wissenschaften der DDR. –
Geogr. Berichte, **68**, 1973, 3, S. 229–234.

Spezielle Regionalatlanten — erläutert an der kartographischen Konzeption eines Atlas über die „Optimale Gestaltung der Umweltbedingungen". –
Geoforum, **15**, 1973, S. 59–62.

1974

Bericht über den Stand der Arbeiten der SAW, erstattet in Gesamtsitzungen 17. 4. 71 und 15. 4. 72. –
Jahrbuch 1971–1972 der SAW, Leipzig 1974, S. 112–125.

Kartographie im Dienste der Umweltforschung. –
Wissenschaft und Fortschritt **24**, 1974, S. 178–183.

Immaterielle Werte in der Umweltgestaltung. –
Festschrift der Sächsischen Akademie der Wissenschaften zu Leipzig, 1974, S. 157–166.

1975

Stadtstrukturkarten in National- und Regionalatlanten. –
Wiss. Ztschr. der Humboldt-Universität zu Berlin, Math.-Nat. Reihe **XXIV**, 1975, 1, S. 9–12.

Bemerkungen zu Stadt-Umland-Beziehungen. –
Sitzungsberichte der AdW der DDR, Math.-Naturwiss. Reihe **2 N**, 1975, S. 5–14.

Die Rolle der thematischen Kartographie für Umweltforschungen. –
Entwicklung der Kartographie. Festschr. z. 70. Geb. v. Prof. Sališčev, Staatl. Fakultät Moskau, 1975, S. 132–139.

Gruß an Walter Markov. –
Sitzungsberichte d. AdW **13 G**, 1975, S. 13—14

1976

Die kartograph. Darstellung von Entwicklungsländern in National- und Regionalatlanten. –
Petermanns Geogr. Mitt., 1976, S. 166–170.

Der historische Aspekt in der Umweltforschung. –
Sitzungsber. der AdW, **2 G**, 1976, S. 19—26, Festschrift z. 65. Geb. von Hans Mottek.

Reports of IGU Commisions 1972–1975: „Commission on National- and Regional Atlasses 1972–1975". –
IGU-Bulletin No. 1, 1976, S. 1–7.

Bericht des Vizepräsidenten über den Stand der Arbeiten der SAW am 14. 4. 73 und 20. 4. 74. –
Jahrbuch der SAW 1973–1974, 1976, S. 124–132.

Die Kartographie als Hilfsmittel der Umweltforschung — Vortrag anl. der öffentl. Sitzung der SAW am 4. 12. 1973. –
Jahrbuch der SAW 1973–1974, 1976, S. 166–167.

Vorwort zum „Atlas Deutsche Demokratische Republik". –
Atlas Deutsche Demokratische Republik, Berlin 1976.

1977

Wesen und Aufgabe der Buchreihe „Werte unserer Heimat". Begrüßung zum Kolloquium aus Anlaß des 20jähr. Bestehens des Wiss. Beirats für Heimatforschung. –
Sächs. Heimatblätter, 23, 1977, 1, S. 1–2.

Die Stellung der Buchreihe „Werte unserer Heimat" in der Umweltforschung. –
Sächs. Heimatblätter, 23, 1977, 1, S. 11–14.

1978

Schlußbemerkungen über die Ergebnisse der gemeinsamen Sitzung der Klassen „Umweltschutz/Umweltgestaltung" und „Chemie" am 17. 11. 77. –
Sitzungsber. der AdW, Math.-Naturw. Reihe **11 N**, 1978.

1979

Bericht über den Stand der Arbeiten der SAW am 2. 4. 1976. – Jahrbuch der SAW 1975–1976, 1979, S. 113–119.

Herausgabe des Jahrbuches der Kartographie, Leipzig 1941 ff,

Herausgabe und Mitarbeit am „Weltatlas. Die Staaten der Erde und ihre Wirtschaft",
1. Auflage, Leipzig 1952 bis
9. völlig neu bearbeitete Auflage, Gotha 1969.

Herausgabe der „Wissenschaftlichen Veröffentlichungen des Deutschen Instituts für Länderkunde zu Leipzig",
NF Bd. 11, Leipzig 1952, Bd. 12 (1953), Bd. 13/14 (1955), Bd. 15/16 (1958), Bd. 17/18 (1960), Bd. 19/20 (1963), Bd. 21/22 (1964), Bd. 23/24 (1966), Bd. 25/26 (1968).

Herausgabe der „Wissenschaftlichen Veröffentlichungen des Geographischen Instituts der DAW" – als Fortführung der Wiss. Veröff. d. Dt. Inst. für Länderkunde zu Leipzig,
NF Bd. 27, Berlin 1970.

Mitherausgabe der „Beiträge zur Geographie" – als Fortführung der Wiss. Veröff. d. Geogr. Inst. d. DAW,
Bd. 29/1–3 „Arbeiten zur Bodengeographie", Berlin 1978.

Herausgabe des Historisch-Geographischen Kartenwerkes,
Bd. „Indien" (90 Karten), Leipzig 1958,
Bd. „Britische Inseln, Frankreich, Belgien, Niederlande, Luxemburg" (191 Karten), Leipzig 1960.

Mitarbeit an „Bibliographie Géographique Internationale"
(Kap. République Démokratique Allemande), Paris 1972.

Mitherausgabe von „Die Jugendbriefe A. v. Humboldts 1787–1799",
Berlin 1973.

Mitherausgabe von „Briefwechsel zwischen A. v. Humboldt und Carl Friedrich Gauß",
Berlin 1977.

Vorsitz. der Kommission zur Herausgabe des „Atlas Deutsche Demokratische Republik",
Berlin 1976 ff.

Mitarbeit an „America in Maps", (Groß-Folio). Compiled and edited by Egon Klemp. Edition Leipzig 1978, Textteil 25 S.

Günter Haase und Hans Richter

Geographische Landschaftsforschung als Beitrag zur Lösung von Landeskultur- und Umweltproblemen

Die planmäßige Gestaltung der Landeskultur und die damit verbundene Lösung von Problemen des Umweltschutzes sowie die Planung und Durchführung von Maßnahmen zur Umweltgestaltung sind eine langfristige und umfassende Aufgabe für die sozialistische Gesellschaft. Davon werden zahlreiche Aktivitätsbereiche der Gesellschaft berührt, die von der Politik, der Ökonomie, Soziologie, Psychologie und Kultur über die Technik und Medizin bis zu zahlreichen Naturwissenschaften, vor allem den Geo- und Biowissenschaften, reichen. Diesen Aktivitätsbereichen der Gesellschaft entsprechen ebenso unterschiedliche Objektbereiche der realen Welt, die zusammen die Umwelt der Gesellschaft bilden.

Für planmäßige und rationelle Einwirkungen der Gesellschaft auf die sie umgebende Realität ist eine wissenschaftliche Durchdringung dieser Objektbereiche und ihrer gegenseitigen Beziehungen unabdingbare Voraussetzung. Es ist das Verdienst des Jubilars, Akademiemitglied Prof. Dr. Dr.-Ing. E. h. Edgar Lehmann, durch sein langjähriges unermüdliches Wirken als Vorsitzender der Klasse für Umweltschutz und Umweltgestaltung der Akademie der Wissenschaften der DDR diese wissenschaftliche Klärung vorangetrieben und auf mehreren Teilgebieten bereits zu bemerkenswerten Ergebnissen geführt zu haben.

Einer der Objektbereiche der Realität, die in das Umweltproblem einbezogen sind, ist das Naturmilieu, in dem die Gesellschaft lebt, das sie zur Befriedigung ihrer Bedürfnisse nutzt und das von ihr in einem langen historischen Prozeß beeinflußt, verändert und damit gestaltet wird. Dieses gesellschaftlich gestaltete Naturmilieu ist Gegenstandsbereich sowohl von mehreren Geo- und Biowissenschaften als auch von technischen und gesellschaftswissenschaftlichen Disziplinen. Für deren interdisziplinäres Zusammenwirken bei der Lösung landeskultureller Probleme ist eine klare Darstellung des von jeder der beteiligten Disziplinen bearbeiteten Aspekte der generellen Wechselwirkungen zwischen Gesellschaft und Natur notwendig. Das schließt die logische Ableitung und klare Definition der von der jeweiligen Disziplin verwendeten Grundbegriffe ein, um die Vielzahl der möglichen Mißverständnisse bei der interdisziplinären Kommunikation einzuengen. Auch dazu hat die Tätigkeit der Klasse Umweltschutz und Umweltgestaltung unter hoher persönlicher Anteilnahme des Jubilars vielfach fördernd beigetragen.

Die geographischen Diziplinen haben sich seit jeher mit dem Problemkreis der raumbezogenen Wechselwirkungen zwischen Gesellschaft und Natur befaßt. Dabei steht die umfangreiche und vielfach auch kontrovers geführte Diskussion um Inhalt und Wesen, Struktur und Dynamik, Genese und Entwicklung der Landschaft und eine einheitliche Fassung des Landschaftsbegriffs an vorderer Stelle. In der Gegenwart ist diese Entwicklung bis zur Formulierung eines ganzen Lehrgebäudes fortgeschritten, so daß wir von der Landschafts-Konzeption in der Geographie als einem ihrer zentralen Paradigmen (vgl. [34]) sprechen können. Dabei wird aber auch deutlich, daß die Landschafts-Konzeption und die von dieser getragene Landschaftsforschung als eine interdisziplinäre Aufgabenstellung der Geo- und Biowissenschaften betrachtet werden muß, zu der auch technische Wissenschaften (von den Agrar- und Forstwissenschaften über Hydro- und Geotechnik bis zu den Bauwissenschaften, wie der Landschaftsarchitektur) gewichtige Beiträge leisten. Dennoch darf festgestellt werden, daß die geographischen Arbeiten nach wie vor ein Kernstück der Landschaftsforschung bilden. Ansätze und Lösungswege dieser geographischen Landschaftsforschung als Beitrag zur Lösung von Landeskulturproblemen sollen im folgenden knapp dargestellt und gewertet werden.

Landschaft als Element der Territorialstruktur der gesellschaftlichen Reproduktion

Jede wissenschaftliche Beschäftigung und planerisch-praktische Tätigkeit mit Bezug auf die materiell-physischen Lebensgrundlagen der Gesellschaft – ihre Umwelt – geht von der vollen Realität der in der Erdhülle gegebenen Objekte und Erscheinungen aus: abiotischen, biotischen und gesellschaftlichen Erscheinungen mit ihren Substanzen, Energien, Prozessen und Funktionsfeldern. Das Objekt, besser: der *Objektbereich der Landschaftsforschung und -gestaltung* wird vielfach mit der Bezeichnung „natürliche und technisch gestaltete (gebaute) Umwelt“ belegt, wobei das Subjekt dieser Umweltbeziehung, der Maßstab dieser Betrachtungsebene, die Gesellschaft mit ihrem Geschichts- und Reproduktionsprozeß ist.

Es hat sich im wissenschaftlichen Sprachgebrauch – auch im internationalen Maßstab – noch kein generell anerkannter Begriff für den oben umschriebenen Objektbereich herausgebildet, so daß Bezeichnungen wie Geosphäre, Ökosphäre, Landschaftssphäre, Technosphäre, Soziosphäre, auch Biosphäre und Noosphäre für das Ganze oder wesentliche Teilbereiche, jedoch mit teils unterschiedlicher und sich überschneidender Sinngebung verwendet werden. Weitgehende Übereinstimmung ist dabei in der Aussage gegeben, daß der Objektbereich von zwei zunächst unabhängig voneinander wirkenden Zusammenhängen getragen wird, nämlich den Organisationsformen der Gesellschaft, soweit sie für die Wechselwirkung „Gesellschaft –Natur“ Bedeutung haben, und der Naturausstattung ihres Wirkungsraumes, d. h. dem Naturrahmen, in dem sie existiert und der ihre materiell-physische Lebensgrundlage darstellt. Aus dem Zusammenhang zwischen beiden, der sich im Reproduktionsprozeß der Gesellschaft als ihr „Stoffwechsel mit der Natur“ [19] darstellt, resultieren jene Erscheinungen und Vorgänge, die wir mit der Bezeichnung „natürliche und technisch gestaltete Umwelt“ zusammenfassen.

Der Objektbereich der räumlich relevanten Wechselwirkungen zwischen Gesellschaft und Natur kann als ein „Großes System“ von äußerst komplexer und komplizierter Struktur beschrieben werden. Er ist zugleich ein System mit hybridem Charakter, weil darin Teilsysteme vereinigt sind, die verschiedenen Bewegungsformen der Materie und damit ganz unterschiedlichen Kausalitätsformen unterworfen sind. Gesellschaftliche Maßnahmen, die bei der Nutzung der Umweltbedingungen ergriffen werden, zur Steuerung von Prozessen dienen oder zu Veränderungen ihrer Struktur führen, bedeuten Eingriffe in hybride dynamische Systeme, in denen gesellschaftliche Zustände und Aktivitäten mit Natureigenschaften und -vorgängen physikalisch-chemischer und biologischer Art in komplizierter Weise verknüpft sind.

Es gibt, wie Neef [21] zu Recht feststellt, keine Möglichkeit, derart komplizierte und hybride Viel-Komponenten-Systeme mit einem einzigen wissenschaftlichen Verfahren zu analysieren, in bezug auf seine Bedeutung für den gesellschaftlichen Reproduktionsprozeß zu diagnostizieren und prognostische Aussagen zu gewinnen. Die wissenschaftliche – und vielfach auch die planerisch-praktische – Behandlung dieses umfassenden Gegenstandsbereiches läßt es zweckmäßig erscheinen, einige Teilzusammenhänge herauszulösen, die einen methodischen Ansatz zur Untersuchung durch verschiedene Disziplinen bzw. Disziplingruppen ermöglichen. Für die Landschaftsforschung sind vor allem zwei solcher Teilzusammenhänge von Belang (vgl. Abb. 1):

1. Mit dem Begriff „*Territorium*“ wird Inhalt und Wesen von Ausschnitten aus der „Erdhülle“ bezeichnet, die nach gesellschafts- und naturgesetzlich bestimmten Merkmalen charakterisiert werden und die für den Reproduktionsprozeß der Gesellschaft insgesamt wesentlich sind. Territorien sind durch die Organisationsformen der Gesellschaft gestaltete Räume, sind die Lebens- und Produktionsräume der Gesellschaft (vgl. [5]). Im Territorium konvergieren alle gesellschaftlichen Maßnahmen und natürlichen Einflüsse, die in einem gegebenen Ausschnitt der Erdhülle ablaufen, und tragen zu seiner Entwicklung bei. Struktur und Dynamik des Territoriums haben sich aus der Umgestaltung der ursprünglichen, naturgegebenen Voraussetzungen durch gesellschaftliche (soziale, ökonomische, kulturelle) Prozesse in historischer Entwicklung herausgebildet. Sie werden vorrangig von gesellschaftlichen Gesetzmäßigkeiten bestimmt und sind in ständiger, vor allem von der Gesellschaft motivierter Weiterentwicklung begriffen.

Der Begriff Territorium bezeichnet damit einen Aspekt der Realität, der vom historischen Entwicklungsprozeß, den gegenwärtigen Organisationsformen und den prognostischen Entwicklungstendenzen der Gesellschaft geprägt wird. Die Natur geht darin als Bedingung und Rahmen für die Existenz der Gesellschaft und für die Befriedigung ihrer Bedürfnisse ein.

2. Der Begriff „*Landschaft*“ bezeichnet Inhalt und Wesen eines von der Natur-

ausstattung vorgezeichneten und durch die Gesellschaft beeinflußten und gestalteten Raumes als Ausschnitt aus der Erdhülle. Er beschreibt daher einen anders begrenzten Teilzusammenhang – im Sinne von Teilmenge – der Realität „Erdhülle" als der Begriff „Territorium". In der Landschaft konvergieren alle naturgesetzlich geordneten Wirkungsformen der abiotischen und biotischen Naturkompo-

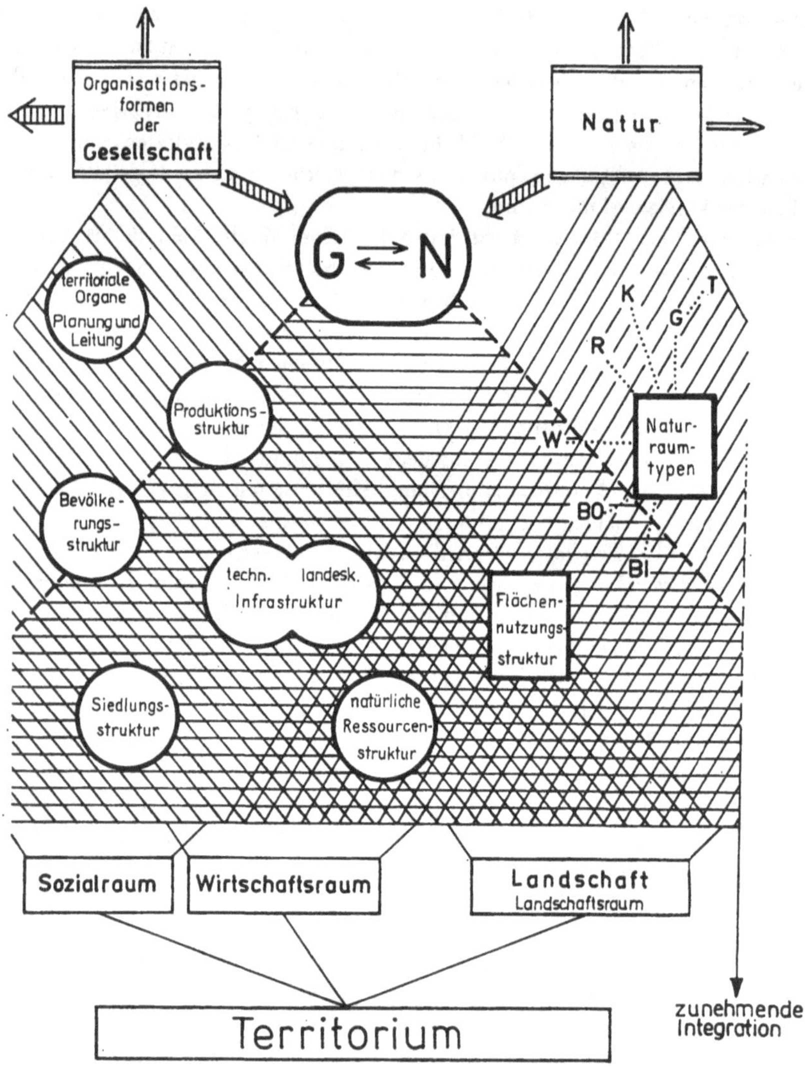

Abb. 1 Zur Einordnung der Begriffe Territorium und Landschaft in den Objektbereich der Wechselwirkungen zwischen Gesellschaft und Natur

nenten mit den gesellschaftlich determinierten, vor allem technischen Maßnahmen der Nutzung, Steuerung und Umgestaltung der Naturkomponenten und des Naturhaushaltes sowie die davon bestimmten technischen Objekte und ausgelösten Funktionsfelder. Die Landschaft ist Lebens- und zum Teil auch Produktionsraum der Gesellschaft oder stellt zumindest einen wichtigen Rahmen dafür dar.

Die Betrachtungsebene „Landschaft" ist durch den Stoffwechsel zwischen Gesellschaft und Natur mit allen seinen Folgewirkungen festgelegt. Daraus leitet sich ab, daß die Erforschung und Gestaltung der Landschaft auf die den Lebensbereich des Menschen und die technischen Mittel der Gesellschaft unmittelbar berührenden Größenordnungen der Naturkomponenten orientiert ist. Das für die Landschaftsforschung grundlegende Geosystem-Konzept ist an diese Betrachtungsebene gebunden, im Unterschied zum Ökosystem-Konzept, das Wirkungszusammenhänge zwischen Organismen und ihrer spezifischen Umwelt von der molekularen bis zur landschaftlichen Ebene einbezieht.

Die Begriffe „natürliche Umwelt" und „Landeskultur" gehen von diesem Verständnis der Landschaft und dem damit bezeichneten Teilzusammenhang der (geosphärischen) Realität „Erdhülle" aus. Sie beziehen unter Dominanz der naturgesetzlichen Zusammenhänge alle auf diese wirkenden oder diese umgestaltenden sozialen und ökonomischen Zusammenhänge ein.

Die in der Literatur bis in die Gegenwart vielfach getroffene Unterscheidung von „Naturlandschaft" und „Kulturlandschaft" wird bei dem Maß und Tempo der nutzungsbedingten gesellschaftlichen Steuerung und Umgestaltung naturgesetzlich determinierter Komponenten der Landschaft immer fragwürdiger, so daß ihre Weiterverwendung nicht zweckmäßig und auch nicht notwendig ist. Die Landschaftsforschung hat für den naturgesetzlich determinierten Teilzusammenhang der Landschaft den Begriff *„Naturraum"* entwickelt (synonym dazu wird auch „Landesnatur" gebraucht, vgl. [33]). Aus diesen Aussagen folgt, daß die räumlich differenzierte Struktur der Landschaft aus zwei Grundkomponenten besteht: einer naturbedingten, in der Ausstattung mit verschiedenen Qualitäten der Naturkomponenten und ihres Wirkungsgefüges beruhenden Raumstruktur, und einer technogenen, aus den Nutzungsformen und ihren Folge- und Nebenwirkungen resultierenden, letztlich gesellschaftlich motivierten Raumstruktur. Vielfach wird für letztere auch die Bezeichnung „anthropogen" benutzt, die jedoch weniger auf die tatsächlichen Wirkungsformen hinweist wie das Wort „technogen". In der deutschsprachigen Literatur wird die erstgenannte Teilstruktur als *Naturraumstruktur*, die zweite als *Flächennutzungsstruktur* bezeichnet. Ihre Unterscheidung stellt bei der Analyse der Landschaftsstruktur und bei diagnostisch-prognostischen Aussagen zu landeskulturellen Problemen ein wichtiges methodisches Hilfsmittel dar.

Die aus dem Gesamtzusammenhang der Landschaftsstruktur isolierende, spezielle Erkundung und Kartierung von Naturräumen mit ihrer Dynamik erweist sich für die Landschaftsforschung und die wissenschaftliche Begründung komplexer landeskultureller Maßnahmen als zweckmäßig und notwendig, weil

— die Erkenntnis der naturgesetzlichen Zusammenhänge in der Landschaft als unabdingbare Voraussetzung für die rationelle Nutzung der Natursubstanzen und -prozesse im gesellschaftlichen Reproduktionsprozeß anzusehen ist,

- die detaillierte Kenntnis der Funktionsweise, Dynamik und Entwicklung der den Naturraum aufbauenden Geo- und Ökosysteme die Grundlage für jede zweckgerichtete, auf positive Effekte im Sinne eines gesamtvolkswirtschaftlichen und gesamtgesellschaftlichen Nutzens orientierte Inanspruchnahme der natürlichen Umwelt ist,
- die Abschätzung des für die Gesellschaft möglichen, also nutzbaren Spielraumes in der Inanspruchnahme von Natursubstanzen und -prozessen über den Vergleich „Naturraum – Landschaftsraum – Territorium" vollzogen werden muß.

Die Naturraumerkundung ist – trotz ihres speziellen geosynergetischen (geophysikalisch-geochemischen, ökologischen und geotechnisch-biotechnischen) Aspekts in Beziehung zu den umfassenderen Objektbereichen der Landschaft und des Territoriums – eine zentrale Aufgabe der Landschaftsforschung und wissenschaftliche Grundlage der Landschaftsgestaltung und Landschaftsplanung. Es wird immer wieder darauf hingewiesen, daß der „Naturraum" wegen des nachhaltigen Einflusses der Technik in einigen wesentlichen Belangen teils eine Abstraktion sei, teils auch nur noch unvollständig ausgeprägt vorkomme. Daher ist es bei Landschaftsanalysen stets notwendig, neben der Erkundung von Naturraumstrukturen die Untersuchung der Flächennutzungsstrukturen — aufgefaßt als Teilmengen der Realität Erdhülle — und der damit verbundenen Wirkungsgefüge vorzunehmen.

Die Flächennutzungsstruktur der Landschaft ist durch die räumliche Zuordnung jeder auf die Naturausstattung bezogenen Nutzungs- oder Beeinflussungsformen seitens der Gesellschaft zu bestimmten Arealen bedingt, die sich in einem räumlichen Gefüge von – zumeist juristisch klar fixierten – *Nutzflächen* äußert. Dabei sind vielfach die gleichen Areale einer mehrfachen, zeitlich nacheinander, teilweise überlappend oder zeitgleich erfolgenden Nutzung unterworfen. Die Gestaltung der Nutzflächen und der mit der Nutzungsform verbundene Grad der Einwirkung auf die Naturausstattung ergeben sich vornehmlich aus den technischen Prozessen und gesellschaftlich bedingten Funktionsfeldern, die aus den Nutzungsansprüchen und ihren Interferenzen resultieren. Dabei sind neben den flächenhaft kontinuierlich ausgebreiteten Nutzflächengefügen die flächenhaft diskontinuierlich ausgebildeten, durch einzelne Standorte der gesellschaftlichen Produktion und Konsumtion ausgelösten Wirkungsfelder zu beachten.

Die Flächennutzungsstruktur ist deshalb stets ein räumliches, dreidimensionales Phänomen, wobei die Wirkung der in verschiedenen Stockwerken – im Untergrund, beiderseits der Erdoberfläche oder in der Lufthülle – lokalisierten „Nutzungen" stets auf die Erdoberfläche bezogen werden muß. Nutzungsvorgänge werden auf dieser Grenzfläche im Rahmen juristisch fixierter Areale, überwiegend Katasterflächen, vollzogen. Ihre Wirkungen beeinflussen aber stets den „Durchdringungskörper mehrerer Naturkomponenten" [14], den wir mit dem Begriff Erdoberfläche relativ unscharf bezeichnen, so daß sich dafür die Bezeichnung „naturräumliches Hauptstockwerk" immer mehr durchsetzt [27].

Das günstigere Wort „Raumnutzung“ für Flächennutzungsstruktur, das dem englischen Begriff „land use“ näher käme, ist in der deutschsprachigen Literatur jedoch nicht gebräuchlich. Ebenso verfügt die russische Sprache z. Z. über keinen knappen Ausdruck für den Begriffsinhalt der Flächennutzungsstruktur, so daß auf „ispol'zovanije territorialnych zemel'“ ausgewichen werden muß.

Die Analyse der *Flächennutzungsstruktur* verfolgt das Ziel, Einsichten zu gewinnen über

— Form, Intensität und räumliche Organisation der Flächennutzung, wobei Fragen der Mehrfachfunktion und Mehrfachnutzung bestimmter Areale besondere Aufmerksamkeit verlangen;

— Form und Intensität der technischen Prozesse, der technologischen Abläufe sowie der Steuerung und Regelung dieser Prozesse, die auf die Naturausstattung einwirken, wobei gesellschaftlich bedingte Vorgänge und Zeitintervalle (Betriebsgeschehen, Havarien, technische Neuerungen usw.) ebenso wie aus dem Naturgeschehen resultierende Vorgänge und Zeitintervalle (jahreszeitliche Rhythmen, Wettergeschehen, Schädlingskalamitäten, Naturkatastrophen u. a.) von Bedeutung sind;

— die Wirkungen konstanter und veränderter Flächennutzung in der Naturraumstruktur, und zwar in bezug auf den Naturhaushalt und auf die räumliche Ordnung der Naturausstattung;

— Struktur und Veränderung des Einwirkungsraumes von technischen Prozessen oder gesellschaftlich bedingten Störungen bzw. Belastungen in bezug auf den gegebenen Zustand der Landeskultur des Territoriums („Wirkungs-“ oder „Ereignisfelder“ von Immissionen, Kontaminationen, Meliorationen, Rekultivierungen u. a.);

— Zustand und Bildung einzelner Landschaftskomponenten, die durch technogene Einwirkungen besonders beeinflußt sind (technogene Substrate, technogene Böden und Bodenmerkmale, stark hemorobe Vegetationsbestände u. a.).

Die Erkundung der Flächennutzungsstruktur verbindet die geosynergetischen Probleme, die sich aus der technischen Einwirkung auf die Naturausstattung im Naturraum ergeben, mit der gesellschaftlichen Motivation und den daraus resultierenden funktionalen Zusammenhängen, die sich aus den Anforderungen des gesellschaftlichen Reproduktionsprozesses an die natürliche Umwelt der Gesellschaft ergeben. Sie ist damit die zweite, notwendige zentrale Aufgabenstellung in der Landschaftsforschung. An ihrer Bearbeitung muß neben der Physischen auch die Ökonomische Geographie mitwirken, so daß die Verfolgung der damit verbundenen Fragestellungen zahlreiche Ansätze bieten wird, Methodik und Theorie der Geographie als Ganzes erheblich weiterzuentwickeln.

Die geographische Landschaftsordnung kann in beiden Aufgabenbereichen, der Erkundung der Naturraum- ebenso wie der Flächennutzungsstruktur, bereits auf umfangreiche Resultate verweisen. Dabei nehmen interdisziplinär angesetzte und durchgeführte Untersuchungen einen bedeutenden Platz ein. Es ist im Rahmen dieses Beitrages allerdings nicht möglich, im einzelnen darauf einzugehen (vgl. [9, 26, 12]).

Landschaftsforschung und Grundrichtungen landeskultureller Maßnahmen

In der DDR fassen wir die aus der planmäßigen und allseitigen Gestaltung der natürlichen Umwelt einschließlich ihrer baulichen und technischen Formung – also der Landschaft – resultierenden Aufgaben unter dem Begriff „Landeskultur zusammen. Man kann zwei Hauptinhalte dieses Begriffes unterscheiden [27]:

– Unter Landeskultur werden zuerst alle gesellschaftlichen Maßnahmen zusammengefaßt, die zur Nutzung der Naturausstattung dienen und in diesem Rahmen eine Beeinflussung, Veränderung und Umgestaltung der natürlichen Beschaffenheit des Territoriums bewirken (Bauer und Weinitschke [2]). *Landeskulturelle Maßnahmen* tragen unmittelbar und vielfach sehr nachhaltig zur Veränderung und Entwicklung der Landschaftsstruktur und ihrer Teilstrukturen bei.
– Landeskultur bezeichnet auch den von der Gesellschaft gestalteten, veränderten, ursprünglich nur von den Naturkomponenten bestimmten, materiellen Zustand eines Territoriums. Richter und Kugler [28] haben dafür auch die Bezeichung *„landeskultureller Zustand des Territoriums“* vorgeschlagen. Damit wird ein aktueller oder historischer, aber auch ein prognostisch anzustrebender Zustand der Landschaftsstruktur in einem gegebenen Territorium gekennzeichnet, der auf einen bestimmten, relativ eng begrenzten Zeitabschnitt bezogen ist. Die Landeskultur des Territoriums ist eine historische, durch gesellschaftliche Aktivitäten im Territorium in z. T. kurzen Zeiträumen veränderliche Kategorie. Im Rahmen territorialer Strukturanalysen hat dieser Begriffsinhalt seine Zweckmäßigkeit und heuristische Funktion erwiesen.

Aus diesen Erörterungen geht die enge Verbindung zwischen den Aufgabenstellungen für die Wissenschaftsdisziplin Landschaftskunde und dem planerisch-gestaltenden Aufgabengebiet Landeskultur deutlich hervor. Der Landschaftsforschung ist daher das Ziel gestellt, vor allem Ergebnisse anzustreben, die der wissenschaftlichen Fundierung landeskultureller Maßnahmen sowie der Analyse, Diagnose und Prognose des jeweiligen landeskulturellen Zustandes des Territoriums dienen.

Die Grundrichtungen landeskultureller Aufgaben und Maßnahmen sind in der DDR durch die umfassende Formulierung von Rechtsnormen für den Umgang mit dem Naturdargebot unter den sozialökonomischen Bedingungen der entwickelten sozialistischen Gesellschaft im Landeskulturgesetz von 1970 und den dazu erlassenen Durchführungsverordnungen, Durchführungsbestimmungen und Anordnungen [15] festgelegt. In ihnen kommen die gesellschaftlich bedeutenden

Funktionen, welche die Einbeziehung des Naturdargebots in den gesellschaftlichen Reproduktionsprozeß erfordern und regeln, klar zum Ausdruck (vgl. Abb. 2).

Bestimmenden Einfluß auf den landeskulturellen Zustand des Territoriums, also auf die Landschaftsstruktur, haben die Nutzungsformen des Naturdargebots und

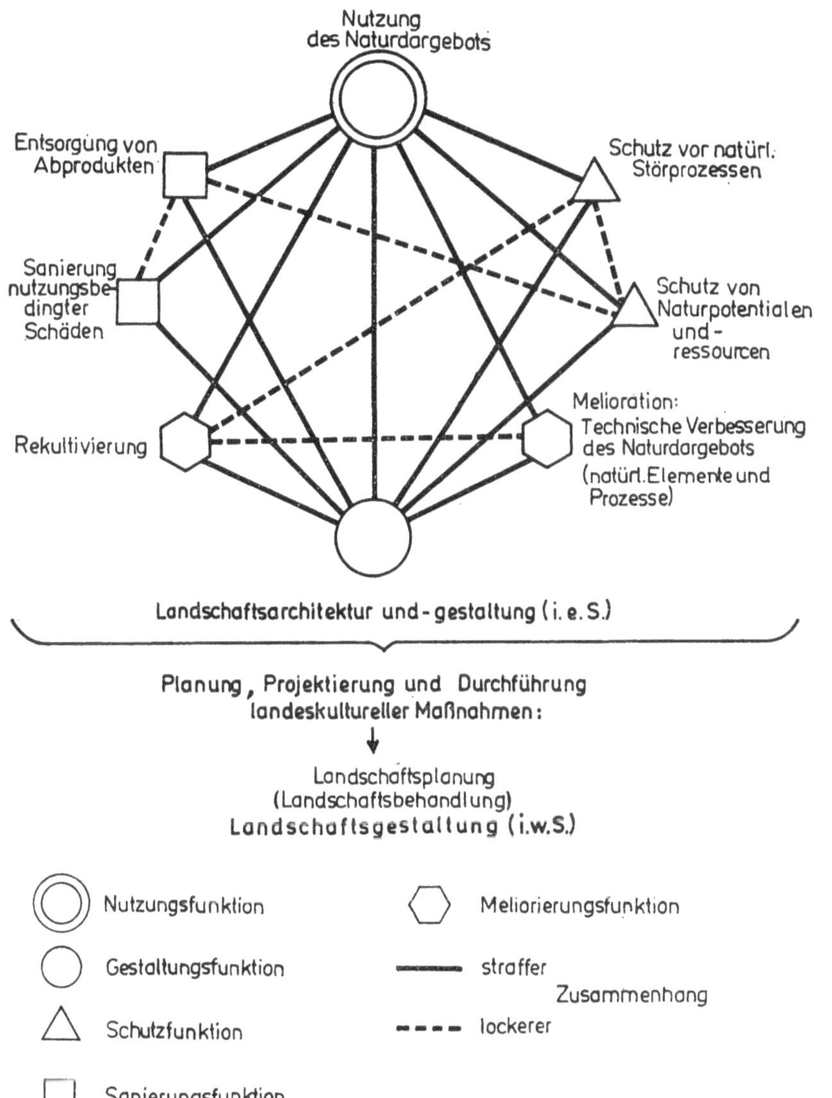

Abb. 2 Grundrichtungen der Landeskultur als Teilbereiche der Landschaftsplanung und Landschaftsgestaltung

die damit verbundene bewußte Gestaltung der Naturbedingungen. Die mit den verschiedenen Formen der Stoff-, Prozeß- und allgemeinen Flächennutzung verbundenen Einwirkungen auf die Naturausstattung müssen in Kenntnis und unter voller Berücksichtigung der naturgesetzlich determinierten Wirkungszusammenhänge erfolgen. Daraus leiten sich umfangreiche Aufgaben für die Erkundung der Naturraum- sowie der Flächennutzungsstruktur im Rahmen der Landschaftsforschung ab. Damit wird ein kontemporärer und präventiver Schutz der Natur unmittelbar Bestandteil ihrer Nutzung und Ansatzpunkt für ihre bewußte Gestaltung. Die *Nutzungs- und Gestaltungsfunktion* – als gesellschaftliche Anforderung und Auftrag verstanden – bilden den Kern aller landeskulturellen Maßnahmen und bestimmen damit auch die Zielstellung der Landschaftsforschung [9].

Neben diesen bestimmenden stehen weitere gesellschaftliche Funktionen, auf die landeskulturelle Maßnahmen und die entsprechende Forschung orientiert werden müssen. Der Schutz des Territoriums vor den Wirkungen natürlicher Störprozesse umfaßt z. T. selbständige Aufgabengebiete der Landeskultur, wie etwa den Küstenschutz, den Hochwasserschutz und den Schutz vor anderen Naturgewalten. Auf der anderen Seite sind solche Aufgaben zusammen mit der Nutzung zu lösen, wie in der Land-, Forst- und Wasserwirtschaft, im Bergbau und Verkehrswesen, in den Siedlungen, die besonders unter der Wirkung natürlicher Störprozesse stehen. Manche Störprozesse werden durch die Nutzung – vielfach als Folge ungewollter Nebenwirkungen – erst ausgelöst oder wesentlich verstärkt.

Die *Schutzfunktion* bezieht sich darüber hinaus aber auch auf das Naturdargebot und sein naturgesetzliches Wirkungsgefüge als Ganzes sowie auf einzelne oder Gruppierungen seiner Komponenten, da sie verschiedene Leistungen der Naturausstattung gegenüber aktuellen oder künftigen Anforderungen seitens der Gesellschaft bieten. Sie sind Träger von Nutzungspotentialen (Naturpotentialen) und damit Quellen der sich regenerierenden und reproduzierbaren wie auch der nicht regenerierbaren Naturressourcen. Sie bilden zugleich die allgemeinen Naturbedingungen der gesellschaftlichen Reproduktion und damit eine Grundlage für die Existenz der menschlichen Gesellschaft.[1]

Diese Aufgabe erfordert eine besonders verantwortliche Prognose und Planung von Maßnahmen, da von diesen die Regenerationsfähigkeit der bereits genutzten Naturressourcen und die Nachhaltigkeit der Nutzungsformen bei nicht regenerierfähigen Ressourcen sowie bei begrenzter Belastbarkeit der Naturbedingungen entscheidend beeinflußt werden. Zu ihrer Bewältigung sind umfangreiche Kenntnisse über langfristige Entwicklungstendenzen der Landschaft, insbesondere über

---

[1] Es sei bemerkt, daß einer der Autoren Bedenken gegen die Begriffskette „Naturausstattung und Naturdargebot — Naturpotential — Naturressource“ hat und deswegen alle nutzbaren Eigenschaften der natürlichen Ausstattung — und darunter vor allem die sich begrenzt regenerierenden natürlichen Reichtümer — als Naturressourcen einstuft.

die Folge- und Nebenwirkungen der aktuellen Nutzungsformen notwendig. Die juristische Festlegung von Schutzgebieten allein kann nur als eine erste Vorsichtsmaßnahme gelten.

Als eine vierte Grundrichtung der Landeskultur sind Maßnahmen zur Sanierung bereits vorhandener Schäden im landeskulturellen Zustand des Territoriums erforderlich (*Sanierungsfunktion*). Solche Schäden sind zum Teil durch frühere Nutzung entstanden (z. B. Bruchgelände über früherem Tiefbau) oder Folgen unsachgemäßer Nutzungsformen, die die Belastbarkeitsgrenzen der Natursysteme überstieg (wie etwa an Steilhängen, auf Dünen oder bei Gewässern). Derartige Sanierungsmaßnahmen sind z. T. auf größeren Flächen notwendig, die durch Bauarbeiten vorübergehend devastiert werden.

Eine besondere Bedeutung besitzen Maßnahmen der Sanierung bei der Beseitigung von Abstoffen und Abenergien (Abprodukten), die bei der Produktion in Industrie und Landwirtschaft sowie in den Siedlungen anfallen. Sie sind in der Gegenwart so gewichtig geworden, daß sie vielfach im Mittelpunkt landeskultureller Maßnahmen stehen. So werden von zahlreichen Wissenschaftsdisziplinen, nicht zuletzt auch von der Landschaftsforschung, dringend Erkenntnisse und Lösungswege zur Bewältigung der Eutrophierung der Landschaft, insbesondere der Gewässer, der zunehmenden Kontamination des Bodens und von Untergrundsubstraten, der Intoxikation besonders gefährdeter Landschaftselemente u. a. m. gefordert.

Als ein Sonderfall von landeskulturellen Sanierungsmaßnahmen sind in der DDR die umfangreichen Rekultivierungen abgebauter Bergbauflächen und deren Wiedernutzbarmachung anzusehen. Sie leiten aber bereits in den Aufgabenbereich der *Meliorationsfunktion* im Rahmen der Landeskultur über, da hier völlig neu geschaffene, technogene Naturräume zugleich mit der Sanierung ehemaliger Zustände einer bewußten, zielgerichteten Gestaltung zugeführt werden können. Die technische Verbesserung natürlicher Strukturen und Prozesse zur Erhöhung der Nutzbarkeit des Naturdargebots, zur Steigerung der ökonomischen und sozialen Effekte bei seiner Nutzung besitzt in der Gegenwart bereits große Bedeutung und wird in der Zukunft diese zweifellos noch wesentlich steigern. Diese Maßnahmen, die mit dem Begriff landeskultureller Meliorationen zusammengefaßt werden können, beziehen sich sowohl auf die Verbesserung der Ertragsfähigkeit land- und forstwirtschaftlich genutzter Flächen, die Verbesserung der Entsorgungseigenschaften von Naturräumen, die wasserwirtschaftliche Steuerung des oberirdischen Abflusses sowie der Grundwasseranreicherung und -bewegung als auch auf die Erhöhung der ethisch-ästhetischen Wirkungen der Landschaft. Deren Planung, Projektierung und Betrieb erfordern in ganz besonderem Maße wissenschaftlich fundierte Kenntnisse über Struktur, Funktionsweise und Dynamik der betreffenden Geo- und Ökosysteme sowie ihrer technogenen Veränderung. Untersuchungen zur Leistung, Leistungssteigerung und über Leistungsgrenzen der Natursysteme verlangen aber aufwendige und längerfristige Analysen der geophysikalischen, geochemischen und biologischen Prozesse, die ihnen zugrundeliegen.

Diese Aufgabe ist nur durch ein gut abgestimmtes, interdisziplinäre Zusammenarbeit förderndes Programm zu bewältigen.

Die ***Gestaltung der Landschaft*** umfaßt als allgemeine Zielstellung aller landeskulturellen Maßnahmen die gesamte Palette der Einzelfunktionen und dazu eingeleiteten Aktivitäten. Sie hat nicht nur – wie vielfach dargestellt wird – die Aufgabe, die natürlichen und die durch die Nutzung über Jahrhunderte geformten landschaftlichen Bedingungen des Territoriums, die einen allgemeinen Reichtum darstellen und wegen ihrer rekreativen, gesundheits- und erholungsfördernden Eigenschaften Bedeutung haben, zu erhalten und zu verbessern, sondern bedeutet: Gestaltung wesentlicher Seiten des Lebens- und Produktionsraumes der Gesellschaft, Gestaltung der Landschaft in bezug auf die Nutzungsfunktion im Rahmen des gesamten gesellschaftlichen Reproduktionsprozesses. In diesem Sinne ist Landschaftsgestaltung nicht eine Ressortangelegenheit, nicht von einer einzigen Wissenschaftsdisziplin her zu erfassen, sondern ein ebenso interdisziplinäres Aufgabengebiet wie die Landschaftsforschung.

Die knappe Durchmusterung der Grundrichtungen landeskultureller Maßnahmen läßt erkennen, daß im Territorium keine entsprechende Aktivität isoliert geplant und durchgeführt werden kann. In der Mehrzahl der Fälle bestehen zwischen den einzelnen Maßnahmen nicht nur straffe Einzelbeziehungen, sondern stark verzweigte wechselseitige Beeinflussungen. Eine umfassende Landschaftsgestaltung als Hauptziel aller landeskultureller Maßnahmen erfordert eine lückenlose Kette von der Landschaftsforschung über die Landschaftsplanung, die Projektierung landschaftsgestaltender Maßnahmen bis zu einer Landschaftstechnik und -technologie, die auf den Erkenntnissen der Grundlagenforschung aufbaut. Sie erfordert ebenso ein nahtloses Zusammenwirken mit gesellschaftswissenschaftlichen, insbesondere ideologischen, ökonomischen und juristischen Aufgaben der sozialistischen Landeskultur.

Ansätze und Verfahren der geographischen Landschaftsforschung

Im interdisziplinären Feld der Landschaftsforschung kann man u. a. die Aufgabengebiete der Analyse, Diagnose und Prognose der Landschaftsstruktur unterscheiden.

Ziel der *Landschaftsanalyse* ist die primäre Erkundung der Eigenschaften und Merkmale der Landschaft, ihrer Ausstattung (ihres Inventars) und räumlichen Differenzierung (ihrer Arealstruktur), ihrer Prozesse und zeitlichen Dynamik sowie ihrer bisherigen Genese.

Die *Landschaftsdiagnose* beurteilt den gegenwärtigen Zustand nach Kriterien der Nutzung und Gestaltung, der Belastung und Stabilität technisch beeinflußter Merkmale des Naturhaushalts, der lagebedingten Modifikation und Interferenzen der Nutzung usf. Zwischen Diagnose und Prognose sind die Übergänge fließend, denn die Diagnose setzt die Absicht voraus, aus der Beurteilung Maßnahmen für

Veränderungen abzuleiten. Im Rahmen der Landschaftsdiagnose werden die natürlichen und natürlich-technischen Systemzusammenhänge mit den gesellschaftlichen Nutzungsordnungen konfrontiert und dabei in Bewertungsvorgänge einbezogen. In Verbindung damit wird eine Transformation naturwissenschaftlicher Kennwerte und Merkmale in gesellschaftliche (soziale, ökonomische, kulturelle) Kategorien vorgenommen, wofür bisher nur sehr unvollkommene theoretische und methodische Grundlagen vorliegen.

Vordringliche Aufgaben der *Landschaftsprognose* sind die Beurteilung der Entwicklungstrends in der Landschaftsstruktur unter dem Einfluß natürlicher sowie technischer Prozesse und Maßnahmen, ihre Folgen für das Territorium sowie daraus abzuleitende Varianten einer optimalen Gestaltung der Landschaft, die einerseits durch die gesellschaftlichen Ziele, andererseits von den Möglichkeiten der Nutzung und Inanspruchnahme der natürlichen Bedingungen bestimmt werden.

Aus der Entwicklung der Geographie und ihrer Beziehung zur Volkswirtschaft läßt sich erklären, daß die geographische Landschaftsforschung sich vielfältig im Bereich der Analyse profiliert hat, aber daß Diagnose und Prognose innerhalb der Landschaftsforschung sich theoretisch und methodisch erst unter dem Eindruck der gesellschaftlichen Anforderungen, vor allem im Hinblick auf die Überführung von Forschungsergebnissen in die volkwirtchaftliche Nutzung und die engere Zuammenarbeit mit Planungs- und Projektierungseinrichtungen, zu festigen beginnen. Eine gleiche Feststellung kann auch für die Landschaftsforschung unter biowissenschaftlichem Aspekt getroffen werden (vgl. [30]).

Diese Situation widerspiegelt auch die allgemeine Entwicklung des gesellschaftlichen Bedarfs, da sich die Anforderungen an diagnostische und prognostische Aussagen zur Landschaftsstruktur bis in die jüngste Zeit überwiegend auf spezielle Nutzer, insbesondere jene Volkswirtschaftszweige und gesellschaftlichen Bereiche sowie die mit ihnen kooperierenden technischen Disziplinen orientierten, in denen der Naturraum und seine Ausstattung wesentliches Nutzungsobjekt oder Gestaltungsziel sind (Bergbaugebiete, Erholungsgebiete, Agrargebiete mit hoher Intensität der Pflanzen- und Tierproduktion, Küstenbereiche, Wasserschutzgebiete u. a.). Anforderungen, die die Landschaftsstruktur als Ganzes betreffen, sind erst durch die wachsende Einsicht in die Bedeutung dieser Thematik für die Lösung komplexer Umweltprobleme und für die rationelle und planmäßige Gestaltung des Territoriums erwachsen. Deshalb bereitet es auf beträchtlichen Sektoren der Landschaftsforschung gegenwärtig oft noch Schwierigkeiten, präzise Problemstellungen zu formulieren, und es steht auch noch kein ausreichendes Arsenal an Methoden zur Verfügung.

Angesichts der hohen Komplexität des Gegenstandsbereiches der Landschaftsforschung hat es sich zunächst als zweckmäßig erwiesen, die natürlichen Komponenten und die Vorgänge der Nutzung, Inanspruchnahme und Gestaltung – unter dem Aspekt der Flächennutzung zusammengefaßt – als Teilsysteme gesondert zu erkunden. Allerdings ist aus dem Anspruch, die Landschaftsstruktur als Ganzes zu erfassen, nicht abzuleiten, daß jedes Merkmal der Naturraum- wie der Flächennutzungsstruktur eine direkte Beziehung zur Landschaftsstruktur bzw. die gleiche Bedeutung für sie hat. Landschaftsforschung fordert schon beim Forschungsansatz eine Gewichtung und Auswahl der Objekte, Merkmale und Kennziffern der Teilstrukturen.

Bei der wissenschaftlichen Fundierung der industriemäßigen Pflanzenproduktion – um ein Beispiel zu nennen – zeigte sich nachdrücklich, daß Ergebnisse der bodenkundlichen und bodengeographischen Forschung, die bei der Bodenklassifikation und -kennzeichnung sowie der bodengeographischen Raumgliederung erzielt wurden, nur für bestimmte Aussagen angewendet werden können. Andererseits stellte sich heraus, daß für wichtige Grundlagen der industriemäßigen Pflanzenproduktion nur ungenügender wissenschaftlicher Vorlauf bestand und erst durch die Forderungen der landwirtschaftlichen Produktion sowie ihrer Planung und Projektierung entsprechende Untersuchungen angeregt wurden. Bei diesen konnten Bereiche der Landschaftsforschung ihre Leistungsfähigkeit nachweisen ([32, 11, 17, 37] u. a.).

Im folgenden sollen einige Ansätze und Verfahren der Landschaftsforschung etwas näher betrachtet werden. Es ist selbstverständlich, daß das im Rahmen dieses Beitrages nur exemplarisch geschehen kann.

Analyse der Landschaftsstruktur

Grundlage der Analyse der Landschaftsstruktur ist die Erkundung des Naturraums und der Flächennutzung als den bestimmenden Teilsystemen der Landschaft. Zu den dabei gewonnenen Erkenntnissen treten aber eine Reihe von Fragestellungen, die als spezifisch auf die Ganzheit der Landschaft orientiert bzw. von ihr gesteuert angesehen werden müssen. Auch hier muß von einer Kennzeichnung der Ausstattung, der räumlichen Ordnung und der Prozesse ausgegangen werden. Als Untersuchungsobjekte bei der Analyse der Landschaftsstruktur sind besonders zu nennen:

– die Ermittlung von Struktur und Dynamik technisch beeinflußter, veränderter oder neu geschaffener Geosysteme (Technogeosysteme) und Ökosysteme;
– die Beurteilung der natürlichen oder durch Naturprozesse ausgelösten Störungen in der Struktur von Technogeosystemen in bezug auf bestimmte gesellschaftliche Funktionen;
– die Beurteilung der Stabilität, Belastbarkeit und Regenerationsfähigkeit natürlicher Prozesse, die unter gesellschaftlich bedingten (technischen) Einwirkungen ablaufen;
– die Einschätzung der Gesamtfolgen konstanter und veränderter Flächennutzung in der Naturraumstruktur, insbesondere hinsichtlich von Wirkungen im Naturhaushalt und der Inanspruchnahme von Naturressourcen;
– die Ermittlung der Leistungsfähigkeit der natürlich-technischen Ausstattung der Landschaft gegenüber Nutzungsanforderungen als Grundlage einer Kennzeichnung der natürlichen Ressourcenstruktur des Territoriums.

Bei der Formulierung der Forschungsansätze und der Lösungswege sind systemtheoretische und kybernetische Verfahren von großer Bedeutung. Die Entwicklung des Geosystem-Konzepts und die Anwendung von Verfahren der Ökosystem-Forschung haben dafür wesentliche theoretische und methodische Voraussetzungen geschaffen. Sie tragen vor allem zur Formalisierung der Aussagen und damit zur Anwendung von mathematisch-statistischen Verfahren sowie der EDV bei, deren Einsatz bei der Komplexität und Kompliziertheit der Untersuchungsobjekte unerläßlich ist. Wenn auch diese methodischen Fortschritte besonders hervorgehoben werden müssen, so darf daraus nicht abgeleitet werden, daß die „klassischen" beschreibenden Analyseverfahren der Landschaftsforschung ihre Bedeutung verloren haben. Sie sind zur Erfassung der Individualität von konkreten Landschaftsräumen und zur Erkundung und Interpretation der noch nicht formalisierbaren und mit „genormten" Parametern abbildbaren Merkmale der Landschaftsstruktur nach wie vor unerläßlich.

Erfassung und Ausgliederung von Landschaftsräumen

Landschaftsräume fassen Merkmale des Naturraums und der Flächennutzung in einer eigenbürtigen Form zusammen. Eine hierarchisch geordnete Dominanz von Merkmalen der einen oder anderen Teilstruktur ist nicht vorhanden.

Landschaftsräume werden zwar augenscheinlich von den *Nutzungsformen* her als besonders hervortretende Merkmale faßbar, wie es die Auswertung der Luft- und insbesondere der Satellitenbilder immer wieder zeigt. Die Hauptformen der Flächennutzung — Siedlungen, Industrieflächen, Abbaugebiete, Forsten, landwirtschaftliche Nutzflächen u. a. — verändern in ganz unterschiedlicher und spezifischer Weise die naturräumliche Ausstattung. Dazu treten Einwirkungen wie die meliorative Aufwertung von Böden, die Veränderung, teilweise oder völlige Beseitigung der natürlichen Pflanzendecke, wesentliche Abwandlungen oder grundsätzliche Umstellungen des Wärme- und Wasserhaushaltes u. a., die von der Art und Intensivität der Nutzung gesteuert oder zumindest ausgelöst sind.

Die Hauptformen der Flächennutzung passen sich andererseits in bestimmtem Maße an die naturräumliche Ausstattung an, sofern diese Merkmale besondere Wirkungsintensität aufweisen, indem entweder naturräumliche und Nutzflächengrenzen praktisch übereinstimmen (z. B. an markanten Reliefkanten, an Grenzen sehr unterschiedlichen Bodenwasserhaushaltes, stark kontrastierender Substrate u. a.) oder eine Hauptnutzungsform in unterschiedlich ausgestatteten Naturräumen ganz verschiedene landeskulturelle Maßnahmen erforderlich macht (z. B. Grundwasserabsenkung unter Siedlungs- und Industrieflächen, Wechsel der forstlichen Holzarten, unterschiedliche Boden- und Wassermeliorationen auf landwirtschaftlichen Nutzflächen, Fruchtfolgewechsel u. a.).

Eine prinzipielle Schwierigkeit bei der Erfassung und Abgrenzung von Landschaftsräumen ergibt sich aus dem *Stockwerkbau des Naturraums.* Die Flächennutzung beeinflußt und verändert vorherrschend das naturräumliche Hauptstockwerk, so daß sich die Naturraum- und die Nutzflächengliederung im Prinzip auf den gleichen Vertikalbereich der Erdhülle einstellen. Aber die Flächennutzung muß die breite Spanne der Vorgänge einbeziehen, die sich als „Inanspruchnahme" im und über das Hauptstockwerk hinaus auf die Lufthülle, das Atmosphären-Stockwerk (u. a. Ausbreitung von Emissionen nach den meteorologischen Vorgängen in der Grundschicht und der gesamten Troposphäre), und das Untergrund-Stockwerk (u. a. Nutzung und Kontamination des Grundwassers, Berücksichtigung natürlich oder technisch verursachter Senkung) erstrecken. Allerdings sind diese Vorgänge für die Landeskultur und für die landschaftliche Raumgliederung nur relevant, wenn sie tatsächlich auf den „Durchdringungsbereich von Naturkomponenten" beiderseits der Erdoberfläche einwirken und nicht nur schematisch auf diesen projiziert werden. Die Kennzeichnung und Ausgrenzung von Landschaftsräumen müßte jedoch zumindest in den Gebieten, in denen derartige Einflüsse auf die Landschaftsstruktur aktuell gegeben oder möglich sind, die Vertikalspanne des Landschaftsraumes entsprechend erweitern.

Die Berücksichtigung des Untergrundes wird ferner für Landschaftsprognosen dort wesentlich, wo durch den zukünftigen Abbau von Bodenschätzen eine deutliche Änderung des landeskulturellen Zustandes des Territoriums zu erwarten und bei der Landschaftsraum-Gliederung zu beachten ist. Hier bestehen z. Z. erhebliche methodische Lücken für eine komplexe Kennzeichnung und Kartierung der Landschaftsstruktur.

Eine Raumgliederung setzt – wenn man von den Erkenntnissen der naturräumlichen Gliederung ausgeht – eine hinreichend tiefe Einsicht in die *Arealstruktur* des zu gliedernden Untersuchungsgegenstandes voraus. Für die verschiedenen Aufgaben der planmäßigen Gestaltung der Landeskultur sind jedoch sowohl wechselnde räumliche Gefügemerkmale (genetisch-substantiell geordnete chorische Naturraum-Einheiten, vektoriell-dynamisch geordnete Flußeinzugsgebiete, Nutzflächengefüge unterschiedlicher Prägung und Funktion, Mehrfachnutzungsgebiete u. a.) als auch unterschiedliche Größenordnungen der Raumeinheiten von Belang.

Die Analyse der Nutzflächengliederung und überhaupt der Struktur der Flächennutzung ergibt, daß der für die Naturraum-Gliederung eindeutig bestimmbaren Grundeinheit, dem Top, eine größere Zahl von unterschiedlichen Grundeinheiten der Flächennutzung gegenübersteht. Sie sind in erster Linie mit den Hauptnutzungsformen identisch. Dadurch wird die Ausweisung einer landschaftlichen Grundeinheit, die einheitlich – als in sich durchaus komplizierte Merkmalskombination – nach den für ihre gegenwärtige Funktion, ihre Erhaltung und Leistungssteigerung erforderlichen Landeskultur-Maßnahmen sein soll, wesentlich erschwert.

Zur Lösung dieser Frage ist die Vorstellung von *„Landschaftselementen"* als Grundeinheiten der Landschaftsstruktur entwickelt worden [23], wobei der Begriff bereits in der älteren landschaftlichen Literatur etwa in dem gleichen Sinne gebraucht wurde. Landschaftselemente sind Objekte, Teile, räumliche Ausschnitte der Landschaft, die nach ihrer Nutzungsform, nach wesentlichen Strukturmerkmalen, der Skala ihrer landeskulturellen Funktionen und ihrer räumlichen Einordnung in Landschaftsräume gleich sind und sich in diesen Kriterien von anderen Objekten unterscheiden [23]. Landschaftselemente vereinigen in bezug auf den landeskulturellen Zustand des Territoriums stets drei Aspekte: sie sind Objekte der Nutzung, Träger landeskultureller Funktionen und Gegenstand der Landschaftsplanung bzw. landschaftsbezogenen Projektierung der Wirtschaftszweige. Sie besitzen teils flächige, teils aber auch betont lineare oder gar punktuelle Gestalt. Beispiele für Landschaftselemente-Klassen sind Wald, Grünland, landwirtschaftliche Nutzflächen einheitlicher Naturraum-Qualität (also weder allein „Schläge" noch allein „Agrophysiotope"), Fließgewässer, Stillgewässer, Straßen- oder Bahntrassen, Deponien, Tagebaugruben und -restlöcher, Siedlungsflächen verschiedener Bebauungsformen und -dichte, städtische Grünanlagen u. a.

Die Ausgliederung und flächenhafte Erfassung von Landschaftselementen eröffnet neue Möglichkeiten, das Gefügeprinzip bei der Kennzeichnung und Abgrenzung von Landschaftsräumen heterogener Arealstruktur, das sich in der Naturraumkartierung bewährt hat, heranzuziehen. Landschaftsräume sind als räumliche Gefüge von Landschaftselementen aufzufassen. Die oft angewandte Lösung bei der Landschaftsraum-Kartierung, von vornherein getrennte Methoden der Erfassung und — vor allem kartographischen — Darstellung der Einzelelemente zu wählen, ist für alle jene Fragestellungen nicht akzeptabel, bei denen das Territorium flächendeckend erfaßt werden soll. Es ist wegen der außerordentlichen flächenhaften Vergesellschaftung und Durchdringung der verschiedenen Hauptnutzungsformen nicht angängig, z. B. bei der Analyse der land- und forstwirtschaftlichen Nutzfläche die in diese eingefügten Siedlungs-, Industrie-, Verkehrs- und Abbauflächen zu unterdrücken.

Bei der Landschaftsraum-Gliederung kann das Modell der naturräumlichen Hierarchie – Erfassung, Kennzeichnung und Darstellung jeweils gleicher Inventar-Raum-Größenordnung – nicht ohne weiteres übernommen werden. Billwitz [3] hat jedoch gezeigt, daß auch *Landschaftselement-Gefüge* (bzw. in seinem Beispiel: Nutzflächengefüge) sich nach bestimmten Regeln über Merkmale der Heterogenität, des Kontrastes und der funktionalen Lage- (Nachbarschafts-) Beziehungen hierarchisch ordnen lassen. Bisher vorliegende, vollständig flächendeckende Landschaftsraum-Gliederungen [25] vereinigen — entsprechend den unterschiedlichen Hauptformen der Flächennutzung – Raumeinheiten der verschiedensten Größenordnungen. Dadurch kann der Forderung nachgekommen werden, flächendeckend analytische Aussagen über die Landschaftsstruktur und damit über „Gebietstypen des landeskulturellen Zustandes des Territoriums" zu gewinnen. Selbstverständlich ist dabei die kartographische Darstellung in kleineren Maßstabsbereichen den allgemein gültigen Generalisierungsregeln unterworfen.

Auf ein weiteres Problem der Ausgliederung von Landschaftsräumen, die Erfassung der Wirkungsfelder, wird im folgenden Abschnitt eingegangen.

Die Intensität und auch die Art der Beeinflussung des Naturdargebots – und darin vor allem der natürlichen Prozesse – nimmt in der Gegenwart ständig zu. Die Intensivierung der gesellschaftlichen Produktion und die Entwicklung der Produktivkräfte geht mit einer ständigen Ausweitung der Stoff- und Energieumwandlungsprozesse in der Produktions- und Konsumtionssphäre der Gesellschaft einher, welche die gesellschaftliche Reproduktion der Naturbedingungen und -ressourcen, die stets eine natürliche Regeneration der Naturraumstruktur, insbesondere des Naturhaushaltes bedeutet, zu einer dringenden gesellschaftlichen Aufgabe machen [29].

Zugleich weitet sich der Raum dieser technischen Veränderungen von Vorgängen über das naturräumliche Hauptstockwerk hinaus auf immer größere Bereiche der Lufthülle und des Untergrundes aus. Deshalb wird die Übersicht über die Landschaftsprozesse ständig komplizierter. Zur Ordnung dieser Thematik sei vor allem auf folgende Gesichtspunkte aufmerksam gemacht:

1. Große Bedeutung besitzen die natürlichen Transportvorgänge, die gezielt zur Verteilung und zum Abbau von Abprodukten herangezogen werden, die aber auch spontan in Begleitprozesse der Nutzung einbezogen sind. Daraus folgen die ernsten Probleme der Luftverunreinigung durch Stäube und Gase, der Lärmbelästigung, der Gewässerbelastung durch organische und anorganische Stoffe, der Kontamination des Grundwassers, der Erwärmung des Oberflächenwassers usw.

2. Die Auswirkungen intensiver Nutzung des Naturdargebots sind insbesondere deutlich bei der Beeinträchtigung des Bios, der Schädigung, Veränderung und Beseitigung von Pflanzenbeständen und der Wildfauna oder der besonderen Begünstigung von an veränderte ökologische Bedingungen besonders angepaßten Pflanzen und Tiere. Dabei ist nicht die Änderung der Diversität der Biozönosen an sich das Hauptproblem — höchste Diversitätsgrade der Vegetation sind ohnehin vor allem ein Ergebnis bäuerlicher Nutzungsformen in der Landschaft, wie Schlüter [31] zeigen konnte —, sondern die negative Auslese beim Verlust eines höheren Natürlichkeitsgrades, die zu Stabilitätsminderungen und niedrigeren Belastbarkeitsgrenzen der Pflanzenbestände, einschließlich der Kulturvegetation, führt.

3. Die Steigerung der Intensität der Flächennutzung erfordert einerseits eine immer exaktere Berücksichtigung der in bestimmten Zeitintervallen (Jahreszeiten, Vegetationsperioden, Feucht- und Trockenphasen u. a.) wechselnden Intensität der Naturprozesse, andererseits deren Ergänzung oder ihre völlige technische Substitution. Das Beregnungsprogramm der Landwirtschaft z. B. verlangt in den nächsten Jahren umfangreiche Investitionen für die Anlage zahlreicher kleiner und mittlerer Stauanlagen, um eine dem Bedarf (biologische Steuerung) angemessene Umverteilung des dafür einsetzbaren Wasserdargebots (physikalisch-meteorologische Steuerung) vorzunehmen. Die ursprünglichen Natursysteme werden damit zu empfindlich reagierenden natürlich-technischen Systemen.

4. Je intensiver die alle wesentlichen Merkmale der Naturraumstruktur bean-

sprechenden Formen der Flächennutzung durch Land-, Forst-, Wasser- und Abproduktewirtschaft sind, desto anfälliger reagieren sie zumeist auf anomale Wetterlagen und Jahreszeiten sowie damit verbundene natürliche Prozesse. Die Wirksamkeit solcher natürlicher Störprozesse, die durch Folgeerscheinungen, wie Hochwasser, Wasserklemmen, Vorgänge im Untergrund usw., zu ergänzen sind, betrifft auch alle anderen Flächennutzungsformen in abgewandelter Weise.

5. Es nehmen die Flächen an Umfang zu, deren ursprüngliche natürliche Substrate, Böden und Bios beseitigt und durch technisch aufgebrachte Natur- und technogene Substrate ersetzt werden. Allein der Braunkohlenbergbau verändert in der DDR jährlich 2500 bis 3000 ha natürlich strukturierter Räume und gibt eine entsprechende Fläche als rein technogen aufgebauter Naturraum (vom Hauptstockwerk bis in das obere Untergrundstockwerk und in die mesoklimatischen Bereiche der Lufthülle) zur erneuten Nutzung zurück.

Mit diesen Landschaftsprozeß-Gruppen sind die in der Gegenwart bedeutendsten Landeskultur-Probleme umrissen. Zur ersten Gruppe gehört das Problem der Eutrophierung von Gewässern und terristrischen Naturräumen sowie die Umweltverschmutzung durch Luftverunreinigung. Die zweite Gruppe enthält die Fragen der zunehmenden Hemerobie von Pflanzenbeständen und der abnehmenden Diversität des Bios (eingeschlossen der Zoozönosen). Aus der dritten Gruppe erwachsen die Fragen der Überlastung der in Nutzung befindlichen, naturnahen Geo- bzw. Ökosysteme und ihre Leistungsminderung, aus der vierten die wachsenden Aufwendungen für die Gewährleistung der landeskulturellen Schutzfunktion bzw. die Kompensation von Schäden. Schließlich werden in der fünften Gruppe die Probleme der Rekultivierung und Wiederurbarmachung devastierter Naturräume angesprochen. Als Problemkreise, die von allen Formen der Landschaftsprozesse berührt werden, sind die Aufgaben der umfassenden Melioratoin und der Gestaltung der Landschaftsstruktur zu nennen.

Von der geographischen und biowissenschaftlichen Landschaftsforschung sind bereits eine Reihe von Erkundungs- und Analyseverfahren für die Untersuchung von Landschaftsprozessen ausgearbeitet worden. So hat – um einige Beispiele anzuführen – Billwitz [4] Methoden zur Erfassung der räumlich-zeitlichen Struktur von Immissionstypen auf der Grundlage von Testmessungen, Langzeit-Registraturen und Geländebefunden zur Luftverunreinigung mit Stäuben und SO_2 vorgeschlagen. Vom gleichen Autor stammt eine Kennzeichnung und Klassifikation von technogenen Substraten, die die bewährte Ansprache und Gliederung von Bodenformen und Substrattypen der Kippenstandorte [38] ergänzt. Die Gliederung und Kennzeichnung der aktuellen Vegetation nach Hemerobiestufen [36] oder nach Synanthropiegraden [16] ermöglicht – neben zahlreichen anderen Versuchen – eine vergleichbare Ermittlung der Folgen von Landschaftsprozessen und läßt auf deren Ablauf, Form und Intensität in gewissen Grenzen schließen.

Einen anderen Beitrag zur Beherrschung von Landschaftsprozessen bei der Vorbereitung und Durchführung landeskultureller Maßnahmen hat Niemann [24] angeregt. Durch die bewußte Ausnutzung ökologischer Grundgesetzmäßigkeiten –

Ökozirkulation und -energetik, Nischenstruktur der Ökosysteme, Autoregulation und Ökosukzession – könnten noch weit mehr als bisher Naturprozesse zur Erfüllung von Aufgaben der Landeskultur herangezogen werden. Die vielfach durch lange empirische Erfahrungswerte gestützten Verfahren müßten durch systematische geosynergetisch-bioökologische Forschungen gesichert, gefördert und damit der bewußten Anwendung zugänglich gemacht werden. Niemann schlägt Verfahren der Kreislaufvernetzung (Koppelung der Stoffzirkulation mit der Energetik der Ökosysteme), der Kompensation (Verbindung von Nischenstruktur mit der Stoffzirkulation), der Eigenregulations-Steuerung, der Adaptation von Entwicklungsstadien u. a. vor.

Die Einordnung der Landschaftsprozesse und ihrer Folgen (Substanzänderungen, Regimeänderungen, Veränderungen der Raumgefüge u. a.) in die Gliederung nach Landschaftsräumen geht nach zwei Prinzipien vor sich. Ein Teil der Prozesse ist streng an bestimmte Landschaftsräume, zumeist noch an bestimmte Teile in ihnen gebunden und damit als (vornehmlich vertikal gerichtetes) Prozeßgeschehen und Dynamik ständiger Bestandteil der Landschaftsstruktur dieser Raumeinheit. Die mit natürlichen Transportvorgängen zusammenhängenden Landschaftsprozesse bilden jedoch *Wirkungsfelder*, die sich entsprechend ihrer Abhängigkeit von natürlichen, technischen und lagemäßigen (räumlichen) Parametern durch ganz unterschiedliche Anordnung und Größe auszeichnen. Sie stellen dann die „Ereignisfelder" bestimmter dynamischer Vorgänge in der Landschaft dar [21].

In ihren Zeit-Raum-Relationen relativ konstant – und damit für die Erfassung ihres Einflußbereiches übersichtlich geordnet – sind die Transportvorgänge am Hang (gravitative Prozesse, Expositionsstruktur des Naturraums) sowie im System der Flußeinzugsgebiete (Vektoralstruktur des Naturraums, vgl. [8]). Wesentlich modifiziert sind demgegenüber bereits die Ausbreitungsvorgänge im Grundwasser, die von der Schichtenfolge und deren geohydrologischen Eigenschaften im Untergrund abhängen. Im wesentlichen nur noch statistisch regelhaft sind die Wirkungsfelder der meteorologischen Vorgänge. Allerdings gibt es auch hier durch den Einfluß des Reliefs auf die Schichtung und Luftbewegung in der troposphärischen Grundschicht einige besonders beanspruchte Bereiche (Kessel, Talzüge, Steilhänge), die sich schon in der Naturraum-Gliederung klar ausweisen lassen.

Da Wirkungsfelder keine konstanten Raumgrößen darstellen, sondern auch von der Intensität der Vorgänge bzw. der Konzentration und dem Metabolismus der Schadstoffe abhängen, wird die räumliche Fixierung der Bereiche, in denen ihr Einfluß in der Landschaftsraum-Gliederung berücksichtigt werden muß, weiterhin erschwert. Gegenwärtig bestehen nur wenige Beispiele für Landschaftsgliederungen, in denen Wirkungsfelder, vor allem auch solche verschiedenen Ursprungs, mit hoher Vollständigkeit eingearbeitet wurden (vgl. z. B. [7]). Für die Landschaftsdiagnose und insbesondere die Landschaftsprognose sind solche Kartierungen jedoch unerläßlich.

Natürliche Substanzen können durch Abfallstoffe und -energien, Stoff- und Energieumsätze durch Reduzierung und Verstärkung verändert werden. Wir fassen diese Tatsache – ausgehend von einem bestimmten Stabilitätsverhalten landschaftlicher Strukturen — als „*Belastung*“ auf, die von den Geo- und Ökosystemen im Rahmen bestimmter Stabilitätsbereiche durch Einschwingungsvorgänge und Pufferungsprozesse zunächst aufgefangen und kompensiert werden können.

Die Belastung erfolgt teils geplant durch die Nutzung, teils spontan durch Nebenwirkungen der Nutzungsvorgänge, durch Havarien, Nachbarschafts- und Fernwirkungen unkontrollierter Art, aber auch durch natürliche Störprozesse usw. Die Fragen der Belastung und ihrer Grenzwerte, der *Belastbarkeit*, haben deshalb für die Erfassung der Landeskultur eines Territoriums erhebliche Bedeutung. Viele Probleme des Umweltschutzes und der Umweltgestaltung enthalten in ihrem Kern die Frage nach der Stabilität und der Belastbarkeit von natürlichen und natürlich-technischen Geo- und Ökosystemen.

Aus der Vielfalt der Fragestellungen sollen die folgenden Gesichtspunkte hervorgehoben werden:

— Prozesse und Zustandsformen der Landschaft weisen von Natur aus gewisse Toleranzen auf, innerhalb derer der Prozeßablauf oder ein Zustand durch Belastung keine dauerhafte Veränderung erfahren kann (Stabilitätsbereich der Landschaftsstruktur). Die obere Grenze dieser Toleranzen ist entsprechend der Landschaftsstruktur von zahlreichen Bedingungen abhängig und daher flexibel. Belastbarkeitsgrenzen sind deshalb bezogen auf ein „Normalitätsmaß“ des betreffenden Systems sowie auf die gesellschaftliche Funktion, die es zu erfüllen hat.

— Die Belastbarkeit kann nur experimentell (in der Landschaftsanalyse also insbesondere durch intensive Feldbeobachtungen und -messungen) auf einen Naturprozeß oder auf eine landeskulturelle Maßnahme allein bezogen definiert werden. Die Belastbarkeit erscheint daher als eine Kategorie, in der Geo- bzw. Ökosystem-Eigenschaften und gesellschaftliche (soziale, ökonomische, kulturelle) Wertungskriterien vereinigt sind. Jedes Geo- bzw. Ökosystem in Verbindung mit der gesellschaftlichen Nutzung hat eine spezifische Belastbarkeit [2]. Bei ihrer Festlegung müssen infolge der Systemeigenschaften der Landschaft, die Wirkungen auf andere, gekoppelte Natursubstanzen und -prozesse, vor allem aber die Grenzen der Belastung in bezug auf den Menschen (MIK-, MAK-Werte u. a.) und für die Anforderungen der technologischen Prozesse in der Produktion berücksichtigt werden.

— Die Erfassung der Belastbarkeit wird in der Landschaftsstruktur erheblich kompliziert, weil Belastungen unterschiedlicher Art sich vielfach überlagern, die Folgen einer Belastung sich oft erst nach der Anreicherung von Effekten, also mit erheblicher Phasenverschiebung, bemerkbar machen.

— Schließlich spielt die territoriale Differenzierung in bezug auf die Landschaftsstruktur und auf die gesellschaftlichen Anforderungen bei der Bemessung vertretbarer Belastungen eine wesentliche Rolle. Aussagen zur Belastung und Belastbarkeit in einer Landschaftsdiagnose sind ohne hinreichende Erkundung der betroffenen Landschaftsräume nur überschlägig zu treffen.

Die Probleme der Belastung und Belastbarkeit gehören zu den Kernfragen der Landeskultur und der Territorialentwicklung überhaupt, weil die volle Nutzung der Belastbarkeit natürlicher und technisch beeinflußter Prozesse und Zustandsformen der Landschaftsstruktur ein wesentliches ökonomisches Anliegen bei der planmäßigen Gestaltung des Territoriums ist; jede Überlastung jedoch Schäden, z. T. irreversibler Art, sowie erhöhten Aufwand zur technischen Kompensation und gesellschaftlichen Reproduktion des Naturhaushaltes erfordert. In dieser Beziehung bestehen in der Landschaftsforschung Schwierigkeiten, weil das gegenwärtig verfügbare Wissen über die Struktur und Funktion landschaftlicher Systeme, über Regenerierungs-, Entwicklungs- und Pufferungsprozesse sowie über die möglichen Regelungs- und Steuerungsmechanismen noch zu gering ist [35]. Den Weg, der mit Nachdruck beschritten werden sollte, hat z. B. die hydrologische Forschung bisher am meisten deutlich gemacht [1, 20, 6].

Erkundung der natürlichen Ressourcenstruktur des Territoriums

Ein für den gesellschaftlichen Reproduktionsprozeß wesentlicher Bestandteil der Landschaftsstruktur sind die natürlichen Ressourcen, die als Roh- oder Hilfsstoffe und Energieträger in der Produktion, als Nutzungsbedingung im Rahmen der Konsumtion oder – ganz allgemein – als Voraussetzung und Rahmen für den Ablauf gesellschaftlicher Prozesse in Anspruch genommen werden. Sie werden von der Territorialökonomie infolge ihrer relativen Bindung an bestimmte territoriale Einheiten und ihrer relativen Immobilität zu den territorialen Ressourcen der Reproduktion gerechnet und beziehen sich auf bestimmte Fonds und Leistungen [5].

Natürliche Ressourcen gliedern sich in erschöpfbare – wie die Bodenschätze – und regenerierbare Ressourcen, die sich mit Hilfe natürlicher Prozesse in einem der Landschaftsstruktur gemäßen Umfang ständig erneuern. Die zweite Ressourcengruppe faßt Merkmale zusammen, die unter dem Aspekt ihrer Nutzung sowie ihrer Bindung an die Naturraumstruktur verschiedenen Kategorien angehören, so die Bodenfruchtbarkeit, die natürlichen Abbauprozesse im Wasser und Boden (Selbstreinigungsvermögen), die natürliche Verfrachtung und Verteilung in der Luft (Dilutionsvermögen), der nutzbare Teil des Wasserkreislaufs, die Luftqualität, der landschaftliche Erholungswert, die Baugrundeigenschaften u. a. Die Gesamtheit dieser Eigenschaften bildet zusammen mit den Bodenschätzen die natürliche Ressourcenstruktur des Territoriums, die eine starke räumliche Differenzierung aufweist. Die Erkundung der natürlichen Ressourcenstruktur, die Diagnose und vor allem die Prognose ihrer effektiven und dauerhaften Nutzung ohne irreversible

Beeinträchtigung der Landschaftsstruktur stellen zahlreiche Aufgaben für die Forschung.

Die geologischen Wissenschaften und der Bergbau können bei der Lösung von Fragen, die mit den natürlichen Ressourcen des Untergrund-Stockwerkes, den Bodenschätzen, zusammenhängen, auf eine lange Tradition zurückgreifen. Die außerordentlich gesteigerte Nutzungsintensität in Land- und Forstwirtschaft, die von der Urbanisierung und Entwicklung der Industrieproduktion mit ihren zunehmenden Ansprüchen u. a. an die Wasserversorgung und das Erholungswesen begleitet wird, haben aber in sehr kurzer Zeit deutlich gemacht, daß viele der natürlich regenerierbaren Ressourcen keine selbstverständlichen, unerschöpflichen Bedingungen der gesellschaftlichen Reproduktion sind. Sie dürfen nicht länger als „Gratisleistungen", sondern müssen immer nachdrücklicher als Reichtümer der Natur beurteilt und behandelt werden, deren Nutzbarkeit empfindlich limitiert wird, sofern die Prozesse ihrer natürlichen Reproduktion (Selbstregeneration) begrenzt oder überhaupt blockiert werden. Daraus leiten sich einerseits jene Fragen ab, die im vorangegangenen Abschnitt unter dem Aspekt der Belastbarkeit diskutiert wurden, andererseits Untersuchungen über den Ressourcencharakter der limitierten Landschaftsmerkmale.

Die Gesellschaft ist bestrebt, das *Leistungsvermögen des Naturraums* – insbesondere des Naturhaushalts – gegenüber ihren Anforderungen optimal und nachhaltig auszuschöpfen. Dazu hat die Landschaftsforschung die Untersuchungen zur Kennzeichnung der *Potentialeigenschaften des Naturraums* entwickelt, mit deren Hilfe der verfügbare Spielraum in der Nutzung und Belastung der Naturausstattung und Naturprozesse, insbesondere unter dem Blickwinkel der gesellschaftlich notwendigen Mehrfachfunktion und Mehrfachnutzung von Landschaftselementen und -räumen, abgetastet werden kann (vgl. [10]). Dabei sind auch die Möglichkeiten der Potentialerweiterung durch technische Maßnahmen zu beachten sowie die Aufwendungen für die technische Erschließung und ständige Sicherung der Nutzbarkeit von Ressourcen einzubeziehen.

In einem Territorium, das praktisch flächendeckend einer zumeist intensiven Nutzung unterworfen ist, sind die meisten selbstregenerierenden natürlichen Ressourcen vor allem an die unbebauten Flächen – land- und forstwirtschaftliche Nutzflächen, Öd- und Unland sowie die Freiräume in Siedlungen – gebunden. Auf den bedeckten, überbauten Flächen sind sie dagegen selektiv reduziert, besonders stark verändert oder sogar blockiert. Die sich aus der gegebenen Nutzungsintensität mit mehrfach interferierenden Ansprüchen an die gleiche Fläche ableitende Forderung nach der Mehrfachnutzung der Landschaft muß durch Untersuchungen über die zweckmäßige, d. h. vor allem optimale Nutzung und Behandlung aller für ein bestimmtes Territorium erforderlichen natürlichen Ressourcen unterbaut werden. Die Landeskultur des Territoriums — als effektive und dauerhafte Nutzung sowie Erhaltung und Verbesserung der natürlichen Lebens- und Produktionsgrundlagen der Gesellschaft begriffen [15] —, wird dort diesen Forderungen gerecht, wo die der Landschaftsstruktur eigenen Ressourcen sich in möglichst hohem Maße natürlich zu regenerieren vermögen und andererseits die Nutzung ihre optimalen Werte erreicht. Die Bergbaufolgelandschaften nehmen hierin eine besondere Stellung ein, weil bei voller Rekultivierung auch eine Regenerierung der erneuerbaren Ressourcen erreicht wird.

Unter Berücksichtigung der vollen Erschließung der natürlich sich regenerierenden Ressourcen erhält der von den ökonomischen Zweigen der Territorialwissenschaften verwendete Begriff „Flächenressource" einen weiteren Inhalt. Der Ressourcencharakter von Flächen (Nutzflächen), der von der Ökonomie vorwiegend nach dem Bedarf bei der Siedlungs-, Industrie- und Infrastruktur-Entwicklung beurteilt wird, muß unter landeskulturellem Aspekt auch nach den an diese Flächen gebundenen natürlichen Ressourcen betrachtet werden. Neben dem Standort- und territorial-organisatorischen Aspekt der Flächennutzung muß der Naturressourcen-Aspekt treten. Dadurch wird eine erhöhte Aussage in bezug auf die optimale Gestaltung der Territorialstruktur erreicht.

Die komplexe Kennzeichnung und flächendeckende Kartierung der natürlichen Ressourcenstruktur des Territoriums ist sowohl als Forschungsproblem als auch von der praktischen Durchführung her noch nicht gelöst. Erste Ergebnisse, vor allem bei der Kennzeichnung partieller und komplexer Potentialeigenschaften von Naturräumen ([18, 13] u. a.), zeigen den möglichen Lösungsweg.

Landschaftsforschung als wissenschaftliche Grundlage der Landschaftsplanung und Landschaftsgestaltung

Die Ergebnisse der Landschaftsforschung werden in erster Linie über die Planung und Projektierung gesellschaftlicher Aktivitäten zur Nutzung und Gestaltung des Naturdargebots wirksam. Dabei steht außer Zweifel, daß die Inanspruchnahme der territorial differenzierten Leistungsmöglichkeiten des Naturraums und deren optimale Nutzung nur aus gesamtvolkswirtschaftlichen und gesamtgesellschaftlichen Gesichtspunkten vorgenommen werden kann, denen sich alle zweigorientierten Anforderungen einpassen bzw. unterordnen müssen. Aus der notwendigen Wechselwirkung zwischen dem Territorial- und dem Zweigprinzip in der Planung und Leitung der Volkswirtschaft auf dem Gebiet der sozialistischen Landeskultur ergeben sich Aufgaben, die von einer komplexen territorialen Planung zumindest koordiniert, in der Sicherung von Grundproportionen aber auch direkt geleitet werden müssen.

Die Territorialplanung in der DDR ist in zunehmendem Maße bemüht, die Naturbedingungen und deren Reproduktion als Bestandteil des gesamtgesellschaftlichen Reproduktionsprozesses zu erfassen und entsprechend der gegebenen territorialen Differenzierung in die Planungsvorhaben und -regelungen einzubeziehen [5, 39, 40]. Unabhängig davon wird immer deutlicher sichtbar, daß für die umfassende Einbeziehung der vielschichtigen Aufgaben der Landeskultur, des Umweltschutzes und einer langfristig orientierten, präventiven Umweltgestaltung eine *Landschaftsplanung* als spezifisches Aufgabengebiet und zugleich integrierter Bestandteil der territorialen Planung der gesellschaftlichen Reproduktion entwikkelt werden muß. In den meisten sozialistischen Ländern und in einigen hochentwickelten kapitalistischen Staaten gibt es dafür bereits sehr gute Beispiele.

Landschaftsplanung geht von der Einheit der Nutzung, Gestaltung und Pflege der Landschaft als einem integrativen Prozeß aus, der entsprechende Formen der Planung und Leitung erfordert. Sie ist keine Ressort-, sondern eine Querschnittsaufgabe, die im Rahmen der Volkswirtschaftsplanung nur in der Verbindung von Zweig- und Territorialprinzip verwirklicht werden kann [39]. Die Landschaftsplanung unterstützt mit Hilfe von konzeptionellen Studien, Variantenvergleichen und Nutzungsangeboten sowohl die komplexe Territorialplanung als auch die Planung der Volkswirtschaftszweige. Mit detaillierten Kenntnissen über den natur- und gesellschaftsgesetzlich determinierten Spielraum oder Aufwand in bezug auf eine störungsfreie und leistungsfördernde Einbeziehung der ökologisch-geosynergetischen Wirkungszusammenhänge in die Planungsansätze kann sie den gesellschaftlichen Reproduktionsprozeß effektiver und rationeller gestalten. Sie macht die Einordnung der zweigorientierten Nutzungsvorhaben in die Landschaftsstruktur sichtbar, ermöglicht damit zweckmäßige Nutzungsinterferenzen und beschränkt bzw. vermeidet störende Mehrfachnutzung. Grundlage für solche Planungsansätze ist eine aussagekräftige Landschaftsdiagnose und Landschaftsprognose. Dabei stellt die Bewertung der Leistungen landschaftlicher Erscheinungen und Prozesse im Rahmen der gesellschaftlichen Reproduktion, in der ökonomische und soziale Zielstellungen mit den ökologischen und geosynergetischen Bedingungen und Leistungsmöglichkeiten verglichen werden, die entscheidenden Kriterien für Planungsansätze und Leitungsentscheidungen bereit.

Landschaftsplanung befaßt sich insbesondere mit strategisch-langfristigen Varianten der Entwicklung von Territorien. Die Intensivierung aller volkswirtschaftlichen und gesellschaftlichen Prozesse erhöht die Komplexität und Kompliziertheit in den Wechselwirkungen zwischen gesellschaftlichen Anforderungen und territorial differenzierter natürlicher Ressourcenstruktur oder den Belastungsgrenzen des Naturhaushalts. Daraus folgt, der Sicherung der Leistungsfähigkeit der Naturausstattung besondere Aufmerksamkeit zu schenken.

Diese Aufgabe kann nicht allein mit kurz- und mittelfristigen Planungsverfahren gelöst werden, da vielfach langfristig wirkende Prozesse eingeleitet werden, die über mehrere Perspektivplan-Perioden anhalten (z. B. bei der Nutzung von Bergbaugebieten und deren späterer Gestaltung als „Bergbaufolgelandschaft"). Dabei sind neben den langfristigen Nutzungsformen des Naturdargebots auch die Summen- oder Folgewirkungen natürlicher, über lange Zeiträume ablaufender Sukzessionen oder die Gefahren von irreversiblen Veränderungen der Naturausstattung mit negativem Akzent zu beachten. Für die Planung solcher Vorgänge sind Instrumentarien notwendig, die von Ostwald [40] als Methoden einer „Vorplanphase" mit betont strategisch-konzeptioneller Zielsetzung gekennzeichnet werden. Diese Aufgabe wird z. B. in der UdSSR und anderen sozialistischen Staaten mit einem „Generalschema der Standortverteilung der Produktivkräfte“ in Angriff genommen, das die Einordnung langfristiger Entwicklungsvarianten der Landschaftsstruktur und von Maßnahmen der präventiven Umweltgestaltung erlaubt. Die Landschaftsplanung kann dabei in der DDR an wichtigen Teilleistungen, wie den Ergebnissen der Forsteinrichtung, der wasserwirtschaftlichen Rahmenplanung, den Generalbebauungsplänen und den Vorarbeiten zum Landschaftskataster anknüpfen.

Ergebnisse der Landschaftsforschung sind nicht nur für Planungsfragen von Bedeutung, sondern finden einen ebenso gewichtigen Anwendungsbereich bei der Projektierung und Durchführung nutzungsbezogener und landschaftsgestaltender Vorhaben. Neben der unmittelbaren Ableitung von landeskulturellen Maßnahmen aus der Landschaftsanalyse und -diagnose ist die Entwicklung von Gestaltungsprinzipien und von Behandlungsrichtlinien für die Nutzung und Behandlung der Landschaftsstruktur einer der Schwerpunkte für Aufgaben der „angewandten“ Landschaftsforschung.

Es wird heute häufig von einem System dieser gestaltenden Maßnahmen gesprochen (vgl. [2]). Aber weder die theoretischen Grundlagen, noch die Methodik oder die als Voraussetzung anzunehmende territoriale Kenntnis reichen bisher dazu aus, die Auswahl und Wertung der wesentlichen, ein solches System bestimmenden Komponenten und Vorgänge zielgerichtet anzusetzen. Um von der bisher dominierenden reaktiven Anpassung an Nutzungsvorgänge und ihre Folgen zu einer aktiven und präventiven Entwicklungsplanung und Gestaltung zu kommen, sind aussagestärkere und flexibel einsetzbare Instrumentarien zur Koordinierung notwendig. Bisher werden vor allem auf einzelne Nutzungsansprüche bezogene ökologisch-geosynergetische Eignungsbewertungen angewendet, während umfassendere, auf konkrete Landschaftsräume als Ganzheiten bezogene Eignungsbewertungen kaum existieren (vgl. [19]). Bewertungsverfahren mit Aussagen über die Folgewirkungen (Änderungen der Landschaftsstruktur oder von Landschaftsprozessen) oder gar Verflechtungsmatrizen mit der Wirkungskette „Verursacher – Folgewirkung – Betroffener“ sind nur in Ansätzen erkennbar.

Ein derartiges System von theoretisch-methodischen Grundlagen, von Erkundungsverfahren (Landschaftsanalyse) und Beurteilungskriterien (Landschaftsdiagnose und -prognose) sowie von Instrumentarien zur Planung und Projektierung landeskultureller Maßnahmen wäre die Basis für eine *umfassende Landschaftsgestaltung,* die den Gesamtbereich der gesellschaftlichen Wechselwirkungen mit dem Naturrahmen überdeckt. Hierbei bedeutet „Landschaftsgestaltung“ das umfassende, wissenschaftlich fundierte „landscape management“, für das uns z. Z. leider kein treffender Begriff in der deutschen Sprache zur Verfügung steht. Sie umschließt neben den wissenschaftlichen Grundlagen auch die Gesamtheit der technischen Mittel und technologischen Verfahren für die Einwirkung auf die Landschaftsstruktur und ihre rationelle und effektive Nutzung. Landschaftsgestaltung in diesem weiten Sinne – die oft anzutreffende engere Sinngebung wird durch den Begriff „Landschaftsarchitektur“ völlig eindeutig ersetzt – ist als Verbindung von Landschaftsanalyse, Landschaftsdiagnose und -prognose mit der Landschaftstechnik und einer Landschaftstechnologie aufzufassen. Die wissenschaftliche und praktische Erfüllung dieses Fernziels kann nur über eine gut abgestimmte interdisziplinäre Arbeit aller davon tangierten Wissenschaftsbereiche und Volkswirtschaftszweige erreicht werden.

Literatur

[1] Aurada, K. D.: Ergebnisse geowissenschaftlich angewandter Systemtheorie. Petermanns Geogr. Mitt., **123**, 3, 1979.

[2] Bauer, L. u. H. Weinitschke: Landschaftspflege und Naturschutz. 3. Aufl.; Fischer, Jena, 1973.

[3] Billwitz, K.: Analyse und Wertung der Flächennutzungsstruktur am Beispiel des Ballungskerns Halle-Merseburg. Wiss. Abh. Geogr. Ges. DDR, **14**, 1978.

[4] Billwitz, K.: Theoretische und methodische Probleme der Erfassung des landeskulturellen Zustandes des Territoriums unter besonderer Berücksichtigung der Stadtrandzonen von Halle und Leipzig. Diss. B, Martin-Luther-Universität Halle-Wittenberg, 1978.

[5] Bönisch, R., G. Mohs u. W. Ostwald (Hrsg.): Territorialplanung. Die Wirtschaft, Berlin, 1976.

[6] Dyck, S.: Probleme und Methoden der Systemhydrologie. Acta Hydrophysica, XIV, 1/2, 1969.

[7] Götz, A. (Hrsg.): Kvalita životniho prostředi ČSR, 1 : 500 000. Geograficky ustav ČSAV, Brno, 1973.

[8] Haase, G.: Die Arealstruktur chorischer Naturräume. Petermanns Geogr. Mitt., **120**, 2, 1976.

[9] Haase, G.: Ziele und Aufgaben der geographischen Landschaftsforschung in der DDR. Geogr. Berichte, 22, 1, 1977.

[10] Haase, G.: Zur Ableitung und Kennzeichnung von Naturpotentialen. Petermanns Geogr. Mitt., **122**, 2, 1978.

[11] Haase, G. u. R. Schmidt: Zur Ermittlung des Ertragspotentials landwirtschaftlich genutzter Flächen auf der Grundlage geoökologischer Erkundungen. Quaestiones geobiologicae (Problemy biologie krajihy), **11**, Bratislava, 1973.

[12] Haase, G. unter Mitwirkung von K. D. Jäger, D. Kopp, K. Mannsfeld und I. Hartsch: Zur Kennzeichnung der Potentialeigenschaften von Naturräumen. Vortrag vor der Klasse Umweltschutz und Umweltgestaltung der AdW der DDR (Dt. Lit. Zeitung, **98**, 6/7), 1978.

[13] Hrabowski, K.: Zur ökonomischen Bewertung des naturräumlichen Bebauungspotentials. Wiss. Abh. Geogr. Ges. DDR, **14**, 1978.

[14] Klink, H. J.: Landschaftsökologische Studien im südniedersächsischen Bergland. Erdkunde, XVIII, 3, 1964.

[15] Kommentar zum Gesetz über die planmäßige Gestaltung der sozialistischen Landeskultur in der DDR vom 14. 5. 1970. Staatsverlag, Berlin, 1973.

[16] Kostrowicki, A. S.: Theoretical and methodical problems in evaluation of the synanthropisation of the plant cover. Phytocoenosis, **1**, 1972.

[17] Kugler, H.: Geomorphologische Erkundung und agrarische Landnutzung. Geogr. Berichte, **21**, 3, 1976.

[18] Mannsfeld, K.: Zur Bestimmung der potentialbezogenen Nutzungseignung chorischer Naturräume. Wiss. Abh. Geogr. Ges. DDR, **14**, 1978.

[19] Marx, K.: Das Kapital, Bd. I. In: MEW, Bd. 23; Berlin 1962.

[20] Mauersberger, P.: Anwendung der Thermodynamik irreversibler Prozesse in der Hydrologie. Vortrag vor der Klasse Physik (AG Geowissenschaften) der AdW der DDR (Dt. Lit. Zeitung, **99**, 6/7) 1979.

[21] Neef, E.: Analyse und Prognose von Nebenwirkungen gesellschaftlicher Aktivitäten im Naturraum. Abh. Sächs. AdW, Math.-Nat. Klasse, **54**, 1, 1979.

[22] Neumeister, H.: Belastung und Belastbarkeit der Landschaft durch Schadstoffimmissionen. Informacionnyj bjuletenj SEV I. 3, **12**, Geograficky ustav ČSAV, Brno, 1979.

[23] Niemann, E.: Eine Methode zur Erarbeitung der Funktionsleistungsgrade von Landschaftselementen. Archiv f. Landschaftsforschung u. Naturschutz, **17**, 2, 1977.

[24] Niemann, E.: Ökologische Lösungswege landeskultureller Probleme. Vortrag vor der Klasse Umweltschutz und Umweltgestaltung der AdW der DDR (Dt. Lit. Zeitung, 98, 8/9) 1978.

[25] Richter, H.: Gebietstypen des landeskulturellen Zustandes in der DDR 1 : 500 000. Geogr. Inst. d. AdW, Sektion Geographie d. MLU Halle-Wittenberg. Leipzig 1974.

[26] Richter, H.: Sozialistische Landeskultur in der DDR. Lehrmaterial z. Ausbildung von Diplomlehrern, Geographie. Potsdam 1977.

[27] Richter, H.: Der Stockwerkbau des Naturraums. Wiss. Abh. Geogr. Ges. DDR, **16**, 1979 (im Druck).

[28] Richter, H. u. H. Kugler: Landeskultur und landeskultureller Zustand des Territoriums. Wiss. Abh. Geogr. Ges. DDR, **9**, 1972.

[29] Roos, H.: Natürliche Umweltbedingungen und volkswirtschaftlicher Reproduktionsprozeß. Geogr. Berichte, **21**, 3, 1976.

[30] Ružička, M.: Methodische Fragen der biologischen Landschaftsplanung anhand der Planungsarbeiten zur Urbanisierung in Städten der SSR. Symposium RGW-Thema III. 2, 16.—22. 5. 1978, Leipzig.

[31] Schlüter, H.: Biotische Diversität und ihr Regenerationsvermögen in der Landschaft. Petermanns Geogr. Mitt., **123**, 4, 1979.

[32] Schmidt, R.: Geoökologische und bodengeographische Einheiten der chorischen Dimension und ihre Bedeutung für die Charakterisierung der Agrarstandorte der DDR. Beiträge zur Geographie, **29/1**, 1978.

[33] Schmithüsen, J.: Grundsätzliches und Methodisches. Handb. d. natürl. Gliederung Deutschlands, hrsg. v. E. Meynen u. J. Schmithüsen, Bd. 1, Bad Godesberg, 1953.

[34] Sočava, V. B.: Das Systemparadigma in der Geographie. Petermanns Geogr. Mitt., **118**, 3, 1974.

[35] Stöcker, G.: Stabilität und Belastbarkeit von Ökosystemen. Archiv f. Naturschutz u. Landschaftsforschung, **14**, 4, 1974.

[36] Sukopp, H.: Wandel von Flora und Vegetation in Mitteleuropa unter dem Einfluß des Menschen. Ber. Landwirtschaft, **50**, 1972.

[37] Thomas-Lauckner, M. u. G. Haase: Versuch einer Klassifikation von Bodenfeuchteregime-Typen. Thaer-Archiv, **11**, 12, 1967 und **12**, 1, 1968.

[38] Wünsche, M., W.-D. Lorenz u. A. Schubert: Die Bodenformen der Kippen und

Halden im Braunkohlengebiet südlich Leipzig. Veröff. Inst. f. Landschaftspflege, Humbolt-Univ. Berlin, Sonderheft, 1969.

[39] Scherf, K.: Landschaftsplanung aus der Sicht der Territorialplanung und Territorialforschung. Wiss. Abh. d. Geogr. Ges. d. DDR, 14, 1978.

[40] Ostwald, W.: Aufgaben der Landschaftsplanung im Rahmen der langfristigen Planung. Vortrag auf dem Seminar d. Zentr. Fachgr. „Landschaftsarchitektur" des BDA d. DDR, 14. 9.—15. 9. 1978 in Rostock.

Robert Lauterbach

Komplexe Kartierung tektonischer Störungszonen mit geophysikalisch-biologischen Methoden

Zur Einführung

Die Kartierung und Untersuchung der Erde mit Hilfe von Verfahren der Geofernerkundung ist als eines der Ergebnisse neuerer Kosmosforschung schon längst eine geläufige und vielseitig genutzte Methode geworden. Mit ihrer Hilfe gelang es, tektonische Strukturen der oberen Erdkruste in reicher Zahl neu zu entdecken oder besser abzugrenzen.

Es gibt aber noch weitere geowissenschaftlich interessante Konsequenzen der Raumfahrt auch in Zusammenhang mit der Kartierung tektonischer Störungszonen. Sie gehen u. a. zurück auf die sehr eingehende Untersuchung der *Auswirkung von Veränderungen schwacher geopyhsikalischer Felder auf biologische Systeme.* Diese Fragestellung ergab sich zuerst in der Raumfahrtmedizin um zu klären, ob neben der starken physiologischen Auswirkung des Wegfalls des Schwerefeldes während des Raumfluges zunächst weniger beachtete analoge Auswirkungen der demgegenüber schwachen geophysikalischen Felder (erdmagnetisches Feld, elektromagnetische Schumann-Resonanz) eine biologische Rolle spielen.

Eine praktisch besonders wichtige Rolle spielte in diesem Zusammenhang die Veränderung oder gar Störung der Wahrnehmung von Raum und vor allem auch Zeit durch den Menschen im Kosmos. Aus der Fülle der Arbeiten zu diesem Thema sei hier nur die Studie von Leonow und Lebedew [7] zum Einfluß des Schwerefeldes und seiner Anomalien sowie des erdmagnetischen Feldes auf die Zeitwahrnehmung erwähnt. Mit den Effekten elektromagnetischer Felder im ELF- und VLF-Bereich befassen sich Persinger und Koautoren [9]. Vom Standpunkt der Geophysik hat sich mit den geophysikalischen Einflüssen auf die Zeitwahrnehmung des Menschen Lauterbach [5] beschäftigt und Reincke [11] aus der Sicht der Medizin. Mit der Anpassung biologischer an geophysikalische Zeitstrukturen setzt sich auch Sinz [12] in seinem Lehrbuch der Chronobiologie auseinander.

Lauterbach und Reincke [6] teilen 1978 erste Ergebnisse der Untersuchung des Rostock-Gramzower Tiefenbruches im Gebiet südlich von Rostock mit dieser biologischen Methode in Ergänzung zu geologisch-geophysikalischen Verfahren mit. Dabei zeigt sich schon, daß es sich um eine sehr einfache, zuverlässige, schnelle und billige Vorausmethode bei der Untersuchung tektonischer Strukturen im mittleren Detail handelt, die außerdem für weitere Anwendungsbereiche (z. B.

die Verkehrssicherheit) · von Bedeutung zu werden verspricht. Aus allen diesen Befunden lassen sich Hinweise für eine Berechtigung biologischer Meßmethoden in der Geophysik ableiten, wie auch REINCKE [11] schreibt.

Im folgenden sollen neuere Ergebnisse aus der komplexen geophysikalisch-biologischen Methode einer Kartierung tektonischer Brüche lediglich unter Ausnutzung der Variation der Zeitwahrnehmung durch den Menschen vorgelegt werden. Durch physikalisch grundlegende Arbeiten z. B. von KÖNIG, DE LORGE, LUDWIG und MARR (bei PERSINGER) wurde geklärt, daß es sich hierbei um die biologische Detektion tellurischer Effekte handelt.

Die Methodik

Die Methodik der *Zeitwahrnehmung* ist vor allem für die Kosmosforschung in jüngster Zeit zu einer besonderen Höhe entwickelt worden. In der DDR wurden im Rahmen der Interkosmos-Forschungsvorhaben sogar spezielle Zeitmeßgeräte entwickelt. Aus der Vielzahl der Verfahren, die von medizinischer Seite vorgestellt werden (vgl. [11]) und die sich mit der Produktion oder Reproduktion von Zeitintervallen befassen, wählten wir die von LEONOW und LEBEDEW [7] angegebene Methode, die schon TITOW und andere Kosmonauten verwandten. Dabei wird durch wiederholtes Abzählen ein *20-Sekunden-Intervall* produziert. Wie schon die Erfahrungen aus der sowjetischen Raumfahrtforschung zeigen, spielt das intensive Training eine wichtige und grundlegende Rolle. Dies sollen folgende Zahlen belegen. Wenn man zwanzigmal ein 20s-Intervall produziert, ergibt sich bei ein und demselben Probanden am Anfang ein mittlerer Fehler von ± 1,41 s. Nach zwei Monaten Training (täglich ein- bis zweimaliges Zählen) beträgt der mittlere Fehler unter gleichen Bedingungen ± 0,12 s und nach sechs Monaten Training ± 0,04 s. Die Fähigkeit der erforderlichen Konzentration nimmt während des Trainings zu und bewirkt eine erstaunliche Genauigkeit — und zwar beständig!

In einer jahrelangen Zeitreihe erwies sich auch die elektromagnetische Aktivität der Atmosphäre im Infralangwellengebiet als eine Ursache für die Variation der Zeitwahrnehmung des Menschen. Im Bereich atmosphärischer Störungen ist die an den Stoppuhren abgelesene Zeit für das Abzählen von 20 s um 3 ... 4% kürzer als im Hochdruckbereich und zwar signifikant und regelmäßig.

Auf die biologisch-medizinische Grundlage dieser Zusammenhänge kann hier nicht eingegangen werden, es sei vielmehr auf PRESMAN [10]; REINCKE [11] und LAUTERBACH [4] verwiesen. Unsere Versuche bestärken uns in der Annahme, daß die um 10 Hz liegende Schumann-Resonanz kausal eine besonders wichtige Rolle spielt und mit der Hirnstromaktivität um 10 Hz (Alpha-Rhythmus im EEG) korrespondiert. Wenn der Proband im EEG vorzugsweise den Alpha-Rhythmus der Hirnstromaktivität aufweist (geschlossene Augen, Konzentration), stellen sich hervorragende Ergebnisse ein. Auch LEONOW und LEBEDEW [7] haben bereits hierauf hingewiesen.

Der bzw. die Probanden führen die *Zeitzählungen längs Profilen* durch, in der Regel wird jeder Meßpunkt zweimal oder mehrfach aufgesucht. Selbstverständlich wird der Tagesgang wie auch der (in wenigen Stunden meist geringe) individuelle Gang berücksichtigt. Letzterer hängt z. B. außer von Ermüdungserscheinungen auch von der Temperatur ab. Der Proband erfährt nichts von den Ergebnissen seiner Zählungen. Die Methode ist außerordentlich rasch und zeitlich damit sehr effektiv. Dennoch wird geprüft, inwieweit der Mensch – in Analogie zur biologischen Raumfahrtforschung – durch Tiere oder gar Einzeller ersetzt werden kann. Bortels [1] hat bereits aus Einzellern (Hefe) eine Art biologische Sonde entwickelt, die zur Registrierung der atmosphärischen Infralangwellen der Atmosphäre geeignet war. Biologische Detektoren haben den unbestreitbaren Vorzug, besonders empfindlich, unkompliziert und im Einsatz zeitlich rationell zu sein.

Der Tiefenbruch von Rostock-Gramzow

Dieser wahrscheinlich die gesamte Erdkruste durchsetzende Tiefenbruch ist Bestandteil eines großen Nordwest-Südost streichenden mitteleuropäischen Störungssystems. Diese tektonische Störung wurde geophysikalisch besonders gut untersucht. Das gilt vor allem für umfangreiche reflexionsseismische Messungen in Zusammenhang mit der Interpretation gravimetrischer und magnetischer Anomalien. Nach Hurtig, Oesberg, Ritter, Grünthal und Jacobs [3] ist das Tiefenbruchsystem von Rostock-Gramzow im Gebiet südlich von Rostock auch durch eine elektromagnetische Leitfähigkeitsanomalie gekennzeichnet. Der Bruch bildet hier eine markante Stufe im Norddeutsch-Polnischen Sedimentbecken. Diese geoelektrische Diskontinuität ist zugleich wichtig für das Verhalten der obersten Erdkruste als Wellenleiter im ELF-Bereich. Modellversuche und Geländemessungen hierzu haben Ludwig, Mecke und Seelewind [8] durchgeführt. Sie verwandten im Modell Mikrowellen und konnten zeigen, daß in der Umgebung einer Leitfähigkeits-Diskontinuität eine Verringerung der Feldstärke auftritt. Analoge Feldergebnisse erhielten sie u. a. im Bodenseegebiet.

Abbildung 1 zeigt in Erweiterung der Ergebnisse von Lauterbach und Reincke [6] im Profil (etwas WSW–ONO) die Zusammenfassung der komplexen geophysikalischen Untersuchungen in der Modellierung der Untergrundstruktur. Darüber sind drei *Profile der Zeitwahrnehmung eines Probanden* (gemessen unter medizinischer Kontrolle) aufgetragen. Die Profile sind etwa 10 km lang. Man erkennt ohne Schwierigkeiten, daß über der tektonischen Störung längere Meßzeiten für das 20-s-Intervall zu beobachten sind. Die mittleren Fehler sind durch die dünneren Hüllkurven aufgetragen. Der Effekt ist also signifikant. Von der vieljährigen Messung der Zeitwahrnehmung von Probanden unter konstanten Bedingungen täglich einmal her ist bekannt, daß die Abnahme der Infralangwellen (Atmosferics) in Hochdruckgebieten regelmäßig zu einer Verlängerung der Zählzeit um 3 ... 4% führt. In Übereinstimmung damit ist in dem Bereich des Feld-

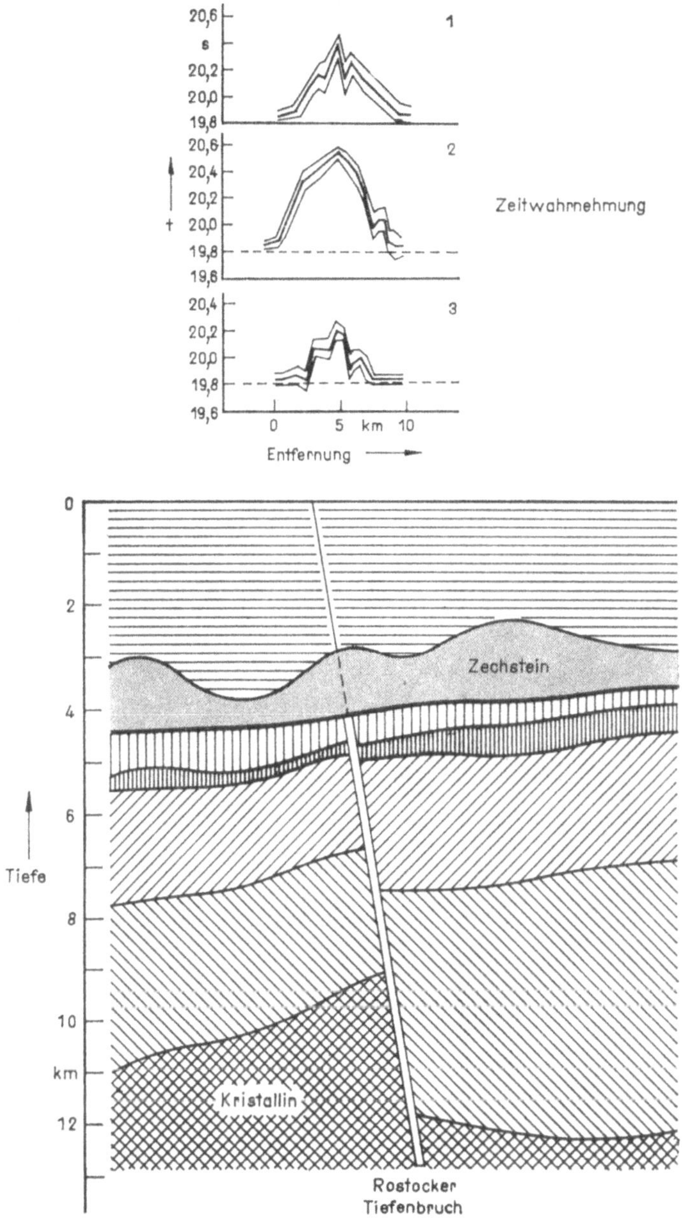

Abb. 1 Strukturskizze des Rostock-Gramzower Tiefenbruches mit Profilen der Zählzeiten eines Probanden für die Produktion eines 20s-Intervalls (pro Meßpunkt je 20mal wiederholt und gemittelt, wobei das Intervall des mittleren Fehlers durch die dünner ausgezogenen Kurven angegeben wird)

stärkeminimums über elektrischen mehr oder weniger vertikal stehenden Leitfähigkeitssprungflächen nach LUDWIG, MECKE und SEELEWIND [8] die Zählzeit verlängert (bis über 4%!).

Abbildung 2 zeigt im Bereich der Kreuzung des Rostocker Tiefenbruchs mit der demgegenüber untergeordneten Schweriner Störung die flächenhafte Ausbildung der *Anomalie der Zeitwahrnehmung* mit einer Verlängerung der Zählzeiten des Probanden für je 20 s um über 4%. Die Achse der Anomalie folgt der Projektion der Schnittgeraden zwischen Bruchfläche und Zechstein auf die Erdoberfläche. Das läßt vermuten, daß auch die gute Leitfähigkeit des Zechsteinsalzes eine Rolle spielen kann. Angesichts der Tiefe der Zechsteinschichten von rund 4 km sind nur in einem Frequenzbereich um 10 Hz (oder weniger) elektromagnetische Wechselwirkungen möglich (elektromagnetische Eindringtiefe!).

Nach Abschluß und Auswertung der Zeitzählungen wurde das Gebiet noch nach der sogenannten Methode *Radiokip* (metod radiokomparirowanja i pelengazii, d. h. Methode der Vergleichs- und Peilungsmessungen mittels Radiowellen) übermessen.

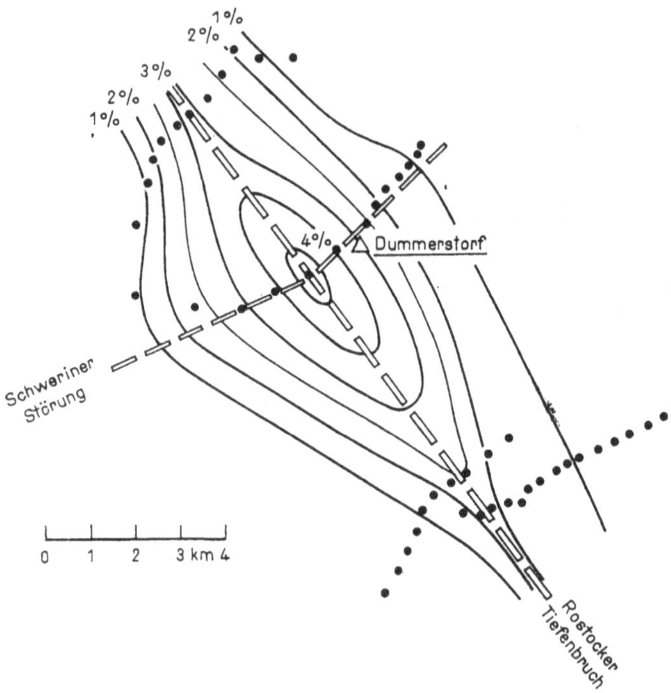

Abb. 2 Anomalie der Zeitwahrnehmung von Probanden über dem Rostocker Tiefenbruch
Die Zählzeiten für die Produktion von 20s-Intervallen sind bis zu 4% verlängert. Die Achse der Anomalie stimmt mit dem Ausgehenden des Tiefenbruches etwa im Zechstein-Niveau überein.

Die Ausmessung der Feldstärke des dänischen Senders Kalundborg ergab – etwas weniger deutlich – ganz analoge Anomalien wie die biologische Untersuchung. Letztere benötigte allerdings nur etwa 20% des Zeitaufwandes.

Im Gebiet von Neubrandenburg wird das Rostock-Gramzower Bruchsystem von einer schwächeren Störung gekreuzt, der Neubrandenburger Störung. Auch über dieser Verwerfung wurden Profile mittels der Methode der Zeitwahrnehmung und auch nach dem Verfahren Radiokip gemessen. Abbildung 3 zeigt eines der gemessenen Profile. Diese weniger intensive tektonische Störung ruft auch eine geringere Anomalie der Zeitwahrnehmung hervor (nur bis 1,5%). Offenbar handelt es sich um zwei Teilstörungen, die auch im Radiokip-Befund sich in der Horizontal- (H-) wie Vertikal- (Z-) Komponente klar abzeichnen. Flächenhafte Untersuchungen zeigen auch hier, daß die biologische Methode tiefere strukturelle Einzelheiten widerspiegelt als die Radiokip-Ergebnisse, die wegen des Skin-Effektes der äußersten Erdkruste nur sehr flache Strukturen wiedergeben. Außerdem benötigen auch hier die biologischen Untersuchungen wesentlich weniger Zeit als die Radiokip-Messungen.

Werre – Störung

Die Werre-Störung kreuzt den Saaler Bodden (nördlich von Ribnitz-Damgarten gelegen). Auch sie ist geophysikalisch komplex untersucht worden; seismische Arbeiten erbrachten die wichtigsten Resultate. Sie wurden durch gravimetrische und

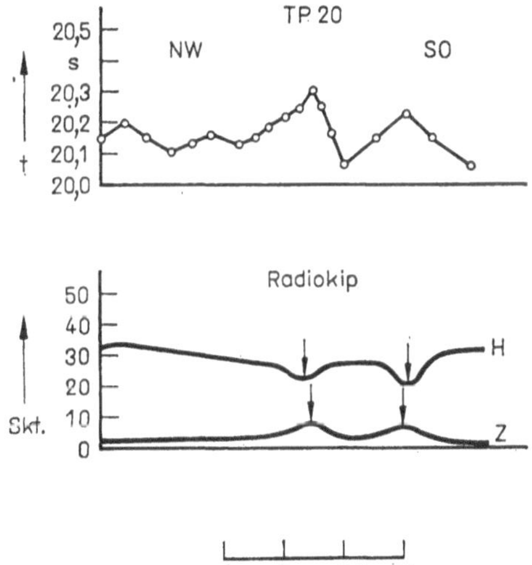

Abb. 3 Untersuchungen der Zeitwahrnehmung durch Messung der Zählzeiten für 20s-Intervalle (Time Perception 20s) über der Neubrandenburger Störung im Vergleich mit Messungen der Feldstärke eines Langwellensenders (Radiokip)

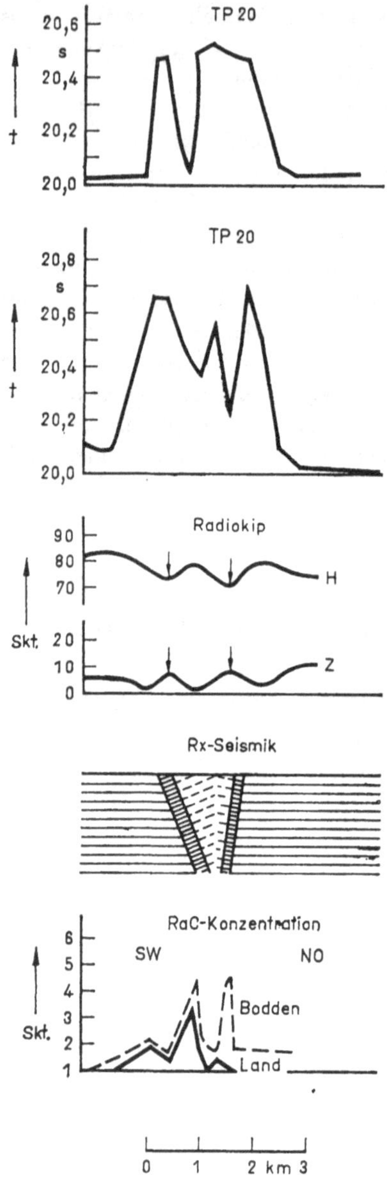

Abb. 4 Komplexe Untersuchungen über der den Saaler Bodden nördlich Ribnitz-Damgarten kreuzenden Werre-Störung

TP 20 = Zeitwahrnehmung, 20mal für 20s-Intervall gemessen und pro Meßpunkt gemittelt;

Feldstärkenmessungen im Langwellenbereich;

schematisches Resultat früherer refelexionsseismischer Messungen;

Konzentrationswerte des RaC in der Bodensubstanz, bestimmt mittels Gamma-Spektrometrie.

radioaktive Messungen ergänzt. Außer der biologischen Methode der Zeitwahrnehmung wurden auf dem angrenzenden Landbereich Radiokip-Messungen vorgenommen. Ferner ist bekannt, daß die Werre-Störung zugleich stellenweise eine Austrittszone stärker versalzener Wässer ist.

Einige der Ergebnisse sind in Abbildung 4 zusammengestellt worden. Die beiden obersten Kurven sind zwei Profile der *Zeitwahrnehmung* (time perception für 20 s, *TP 20*), die die Werre-Störung kreuzen. Dann folgen wieder die Resultate der *Radiokipmessungen* für die Horizontal- und Vertikal-Komponente. Man sieht eine *Übereinstimmung,* allerdings sind die Gebiete der Verlängerung der Zählzeit ausgedehnter als die Anomalien der Langwellen-Feldstärke bei nur geringer Wirkungstiefe. Dies ist angesichts der Tatsache verständlich, daß – wie schon erwähnt – im Störungsbereich Salzlösungen eine Rolle spielen, wie nachgewiesen wurde. Damit ergeben sich hinsichtlich der elektrischen Leitfähigkeit sehr große Unterschiede und als Folge der Heterogenität sehr große Unregelmäßigkeiten im Wellenleitverhalten. Nach Ludwig, Mecke und Seelewind [8] liegt um jeden Leitfähigkeitssprung ein Gebiet mit stehenden Wellen. Sie kommen durch Superposition von Primär- und Sekundärwellen zustande. Außerdem spielt die Filterwirkung von Unebenheiten des Wellenleiters eine Rolle, wobei sich erhebliche örtliche Feldstärkeänderungen ergeben. Das aufdringende salzführende Wasser ist eine derartige Unebenheit.

Die Abbildung 4 enthält ferner ein stark schematisiertes Profil der *reflexionsseismischen Aufnahme,* wobei sich das Ergebnis ebenfalls gut in das Gesamtbild einfügt. Das unterste Profil enthält die relativen Konzentrationswerte des Wismut 214 (RaC), die mittels der Gamma-Spektrometrie von Bodenproben bestimmt worden sind. Die Bodenproben wurden längs Profilen im Bodden vom Grund entnommen [2] und im Labor nach Trocknung gamma-spektrometrisch untersucht. Auf Land wurden später Proben längs eines etwa parallelen Profils entnommen. Die *RaC-Konzentration* gibt über dem Ausbiß von Bruchzonen meistens deutliche Maxima wieder, die sowohl auf die Rn-Migration wie auf die Wanderung von Porenlösungen mit erhöhter Radioaktivität zurückzuführen sind.

Ohne hier auf weitere Einzelheiten eingehen zu können, darf doch festgestellt werden, daß die biologische Methode sich mit den geophysikalischen Ergebnissen hinsichtlich ihrer Resultate in gutem Einklang befindet.

Randstörung des Thüringer Waldes

Mehrere Versuchsmessungen wurden auch im Thüringer Wald durchgeführt. Sie sollten zeigen, ob auch im Bereich des Gebirgslandes, speziell der varistischen Rumpfschollen mit ihren Bruchzonen, ähnliche Effekte nachgewiesen werden können.

Eine Schar tektonischer Störungen, die mit NNO-Streichen die Thüringer Wald-Randstörung etwa senkrecht queren, wurde im Bereich der Hochscholle bereits erfolgreich untersucht [6]. Hier werden nun ergänzend dazu Messungen im Bereich der nördlichen Randstörung des Thüringer Waldes nahe Friedrichroda mit ihren Ergebnissen vorgestellt. Die Friedrichroda–Georgenthaler Störungszone stellt in diesem Abschnitt das wichtigste Element der Randstörung dar, die insgesamt eine „schwache" Bruchstörung bildet und teilweise in flexurartige Formen übergeht.

Abbildung 5 zeigt ein hin- und rückgemessenes Profil über die Randstörung, deren Bereich schraffiert angegeben ist. Man erkennt die gute Reproduzierbarkeit der Werte und das *im Störungsbereich* liegende Maximum der *Zählzeit,* die Messungen wurden *bei Schönwetter* ausgeführt, wodurch eine Verlängerung der Zählzeit aller Werte eintritt.

Abbildung 6 zeigt ein hierzu etwa paralleles Profil, das aber *bei Schlechtwetter* gemessen wurde. Dadurch ist die gesamte Zählzeit verkürzt. Interessant ist dabei, daß sich die elektromagnetischen Einflüsse der Atmosphäre und die aus dem geologischen Untergrund stammenden additiv überlagern. Der relative Verlauf der Anomalien der Zeitwahrnehmung bleibt derselbe, gleichgültig ob bei hohem oder niedrigem Atmoferics-Pegel gemessen wird.

Abbildung 7 enthält als *flächenhafte Darstellung* die Anomalie der Zeitwahrnehmung über diesem Abschnitt der Nordrand-Störung des Thüringer Waldes. Die Zählzeit ist maximal bis 4,7% verlängert. Die Achse dieser Anomalie deckt sich mit der Friedrichroda–Georgenthaler Störungszone.

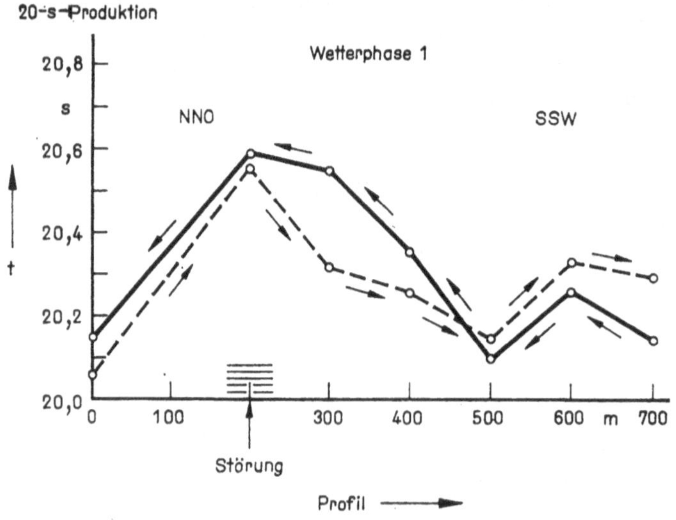

Abb. 5 Messung der Zeitwahrnehmung mittels Produktion von 20s-Intervallen über der Nordrandstörung des Thüringer Waldes nordwestlich von Friedrichsroda (Ungeheurer Grund) – Hin- und Rückmessung

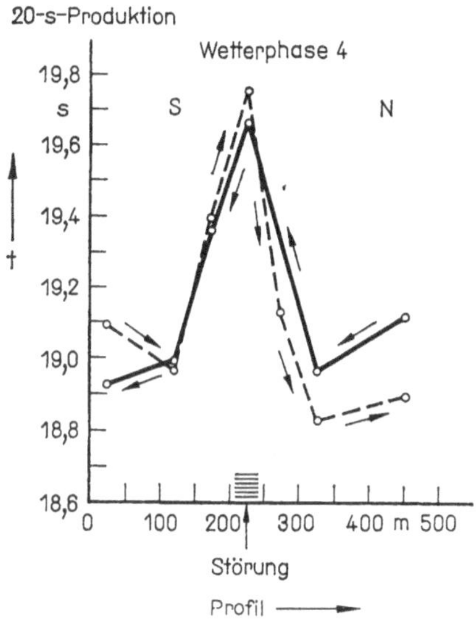

Abb. 6 Messung der Zeitwahrnehmung mittels Produktion von 20s-Intervallen über der Friedrichroda-Georgenthaler Störungszone (Marienhöhle) als Teil der Nordrandstörung des Thüringer Waldes — Hin- und Rückmessung

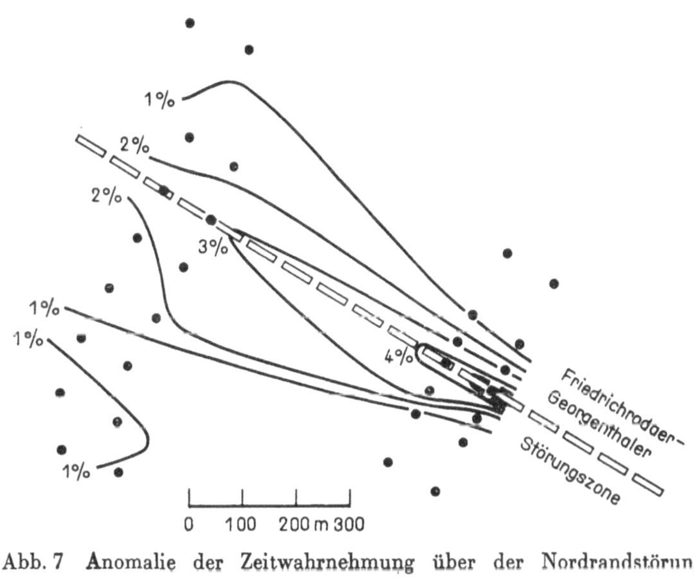

Abb. 7 Anomalie der Zeitwahrnehmung über der Nordrandstörung des Thüringer Waldes
Die Zeiten für das Abzählen eines 20s-Intervalles sind im Kern der Anomalie statistisch signifikant um 4,7% verlängert.

Als vergleichende Messungen liegen in diesem Gebiet von geophysikalischer Seite vor allem geoelektrische wie auch radioaktive Untersuchungen vor, deren Resultate sich mit der Anomalie der Zeitwahrnehmung sehr gut decken. Auch hier ist die Methode der Messung der Zeitwahrnehmung aber sehr viel zeitrationeller und billiger im Einsatz als die geophysikalischen Methoden. Für eine rasche qualitative Voruntersuchung eignet sich dieses Verfahren also auch im Gebirgsland.

Schlußbemerkungen

Das hier vorgestellte Verfahren trägt noch Pioniercharakter, d. h. es ist ein Vorstoß in ein interdisziplinäres Grenzgebiet, das bislang der Kosmosforschung vorbehalten war, von der auch die meisten Grundlagenarbeiten hierzu ausgelöst worden sind. Sicher kann noch nicht vollständig übersehen werden, welche bislang nicht erkannten Störfaktoren in die Messungen eingegangen sind. Trotzdem erscheinen die Resultate doch recht überzeugend und zwar unter sehr verschiedenartigen geologisch-tektonischen Voraussetzungen. Besonders beeindruckend ist die Schnelligkeit und Komplikationsfreiheit des Verfahrens. Mit einem Satz konventioneller oder speziell dafür entwickelter Stoppuhren ausgerüstet kann sogar ein Einzelgänger – unter Wahrung der Blindmessungen ohne mögliche psychische Rückkopplung – solche Untersuchungen ausführen. Voraussetzung ist allerdings ein konsequentes Training vor Inangriffnahme erster Untersuchungen von etwa drei Monaten Umfang. Es hat in der Verfahrenstechnik gewisse Ähnlichkeiten mit dem sogenannten autogenen Training der Medizin. Durch lautes Zählen des Zeitintervalles wird die Motorik des Kehlkopfes eingeschaltet. Dies hat eine fast 10fach größere Präzision der Messungen zur Folge als das in der Kosmosforschung ebenfalls für bestimmte Aufgaben praktizierte Abzählen mit nur gedachtem Zählen.

Abbildung 8 gibt eine Vorstellung von der Genauigkeit bei der *Wiederholung des Zählens* von 20s-Intervallen. An einem Tag mit einem stark schwankenden

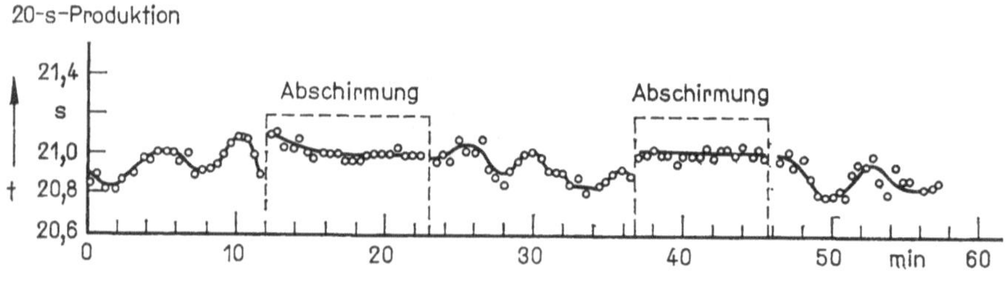

Abb. 8 Produktion eines 20s-Intervalles durch Abzählen von je 20s (einfach) an einem Infralangwellen-gestörten Tag
Abschirmung des Oberkörpers des Probanden durch ein Eisengefäß von 5 mm Wandstärke während der angezeigten Zeitintervalle.

VLF-Pegel der Atmosphäre (gewittrige Wetterlage) wurden Zählungen in einer ganzen Reihe vorgenommen. Außerdem wurde der Oberkörper des Probanden mit einem massiven Metallgefäß aus Eisen (5 mm Wandung) zeitweise abgeschirmt. Der Effekt der Abschirmung ist sehr deutlich: die zeitliche Schwankung der Meßwerte verschwindet und als Folge der Abschirmung liegen die Meßzeiten im Mittel höher als unabgeschirmt.

Wie Reincke [11] bemerkt, gibt es keinen „Zeitsinn" beim Menschen. Die Zeitwahrnehmung ist vielmehr eine grundlegende psychologische Funktion, die physiologisch vielfältig gesteuert und u. a. auch – wie hier gezeigt – physikalisch beeinflußt werden kann. Eine Veränderung der inneren „Zeitskala" eines Menschen durch äußere Einflüsse vermag der Mensch selbst nicht wahrzunehmen. Deshalb hat die Untersuchung der Variation der Zeitwahrnehmung nicht nur geowissenschaftliche sondern auch arbeits- oder verkehrs-medizinische Bedeutung.

Wenn die Zeitwahrnehmung des Menschen sich als Folge der atmosphärischen elektromagnetischen Aktivität erheblich ändert, steigt bekanntlich die Zahl der Arbeits- und Verkehrsunfälle beträchtlich an. Es ist jetzt abzusehen, daß dies für den Verkehr angesichts der steigenden Geschwindigkeiten auf den Straßen auch für räumliche Anomalien der Zeitwahrnehmung zutrifft. Das gilt natürlich nur für kritische Situationen, in denen die 5% der subjektiven Zeitskala gegenüber der Realität fehlen können, so daß damit ein Unfall unausweichlich wird.

Insofern gehört dieser gesamte Komplex von Erscheinungen in die Kategorie subtiler physikalischer Umweltfaktoren, deren Wechselwirkung mit biologischen Systemen von doppelter Bedeutung ist. Einmal können diese sonst kaum in Erscheinung tretenden schwachen geophysikalischen Einflüsse in bestimmten – seltenen – kritischen Situationen von großer biologischer Bedeutung sein. Das war die Motivation für die Einbeziehung dieser Einflüsse auf Biosysteme in das Programm der Kosmosforschung. Zum anderen kann man aber biologische Systeme zur Überwachung und Detektion solcher Umweltfaktoren verwenden. Zu beiden Aspekten liegt in der Literatur eine große Fülle von Mitteilungen vor. Ziel vorliegender Arbeit sollte es sein, darauf hinzuweisen, daß auch diese Resultate der Raumfahrtforschung mögliche interessante Aspekte für die Geowissenschaften besitzen.

Literatur

[1] Bortels, H.: Die hypothetische Wetterstrahlung als vermutliches Agens kosmometeoro-biologischer Reaktionen. Wiss. Ztschr. d. Humboldt-Univ. Berlin, Math.-Nat.-Reihe, Jg. **VI**, 1956/57, Nr. 2, S. 115–123.

[2] Hartmann, B.: Radiometrische Untersuchungen im Gebiet der nordostmecklenburgischen Boddenlandschaft unter besonderer Berücksichtigung der Boddengewässer, — „Boddenradiometrie". Unveröff. Diplomarbeit, Math.-Nat. Fakultät, Karl-Marx-Univ. Leipzig. 1966.

[3] Hurtig, E.; Oesberg, R.-P.; Ritter, E.; Grünthal, G. und F. Jacobs: Studies of the

Crustal Structure in the Northern Part of Central Europe. Gerlands Beitr. z. Geophysik, 84, 1975, S. 317—325.

[4] LAUTERBACH, R.: Biogeophysik. In: Physik des Planeten Erde. Berlin, 1975.

[5] LAUTERBACH, R.: Geophysikalische Einflüsse auf die Zeitwahrnehmung des Menschen. Vortrag auf dem Deutsch-Sowjetischen Symposium Chronobiologie und Chronomedizin, 10. 7.—15. 7. 1978 in Halle/S., im Druck in: Chronobiologie 1978, hrsg. von J. SCHUH, Martin-Luther-Univ. Halle-Wittenberg.

[6] LAUTERBACH, R. und H. REINCKE: Nachweis des Rostock-Gramzower Tiefenbruches mit Hilfe einer der Kosmosforschung entlehnten biologischen Methode. Geophys. und Geologie, Geophys. Veröff. der Karl-Marx-Univ. Leipzig, Berlin 1978.

[7] LEONOW, A. A. und W. I. LEBEDEW: Die Wahrnehmung von Raum und Zeit im Kosmos (russ.), Moskau 1968.

[8] LUDWIG, W.; R. MECKE und H. SEELEWIND: Elektroklimatologie. Archiv f. Met., Geophys. u. Bioklim., Ser. B, 1968, **16**, S. 237—250.

[9] PERSINGER, M. A. (ed.): ELF and VLF Electromagnetic Field Effects. New York and London 1974.

[10] PRESMAN, A. S.: Electromagnetic Field Effects and Life. New York 1970.

[11] REINCKE, A.: Zeitwahrnehmung und Geophysik. Geophysik und Geologie, Geophys. Veröff. der Karl-Marx-Univ. Leipzig, Bd. **II**, H. 2, Berlin 1980.

[12] SINZ, R.: Zeitstrukturen und organismische Regulation. Berlin 1978.

Karlheinz Lohs

Die Stellung der chemischen Toxikologie in der Umweltforschung

Die chemische Toxikologie ist in der Öffentlichkeit noch nicht allgemein bekannt und deshalb ist die gedankliche Verbindung zwischen chemischer Toxikologie und Umweltforschung für Außenstehende nicht ohne weiteres erkennbar. Um das Anliegen der Toxikologie im allgemeinen und der chemischen Toxikologie im besonderen für die Umweltforschung zu verdeutlichen, ist neuerdings immer häufiger der Begriff der „Umwelttoxikologie" in den einschlägigen Publikationen zu finden. Aber was versteht man unter Giften und was heißt Umwelt? Hierauf seien erst einmal in knapper Form zwei Antworten gegeben – auch wenn sie zwangsläufig eine Vereinfachung darstellen: Unter Giften werden solche biologisch aktiven Substanzen verstanden, die den Menschen und ihm nützlich erscheinenden Lebewesen schädigen und die er in Kenntnis dieser Wirkung *bewußt einsetzt:* einerseits verbrecherisch gegen seine Mitmenschen bzw. gegen „Feinde" sowie andererseits zur Bekämpfung oder Vernichtung tierischer und pflanzlicher Schädlinge, soweit diese seine Existenz bedrohen. Unter Umwelt versteht der Mensch hauptsächlich und vordergründig seinen Lebensraum, d. h. die Biosphäre des Menschen im engeren Sinne.

Wenn man sich mit dem Problemkreis der chemischen Toxikologie und der Umweltforschung befaßt, so müssen zunächst folgende Fragen beantwortet werden:

1. Welche Rolle spielen die Gifte in der Natur überhaupt?
2. Welche Gifte haben für den Menschen Bedeutung?
3. Was vermag der Mensch, um mit den Giften in seiner Umwelt zu leben und zu überleben?

Welche Rolle spielen die Gifte in der Natur überhaupt?

Wenn man formuliert „überhaupt", dann ist damit die Frage gestellt, wie die Bedeutung der Gifte unabhängig davon, ob der Mensch in der Natur eine Rolle spielt oder nicht, eingeordnet werden kann.

Zweifellos beschäftigt sich der Mensch vom Anbeginn seiner Geschichte an mit den Giften. Nicht ohne Grund findet sich deshalb das Gift in symbolischer Überhöhung in vielen allegorischen Darstellungen der Menschheitsgeschichte – sei es die

Schilderung des Paradieses in der Bibel, sei es in Sagen und Märchen verschiedenster Völker und Kulturen – stets signalisierte für den Menschen das Gift die Gefahr, das Elend, den Tod!

Seit Jahrmillionen haben viele Pflanzen und zahlreiche Tiere artspezifische Gifte als Produkte ihres Stoffwechsels genutzt, um damit sich bzw. ihre Spezies zu erhalten, d. h. sich durchzusetzen und zu überleben. Den Giften kommt also im Tier- und Pflanzenreich eine Art ökologischer Regelgröße zu, ohne daß jedoch bis heute alle die funktionellen Zusammenhänge den Naturwissenschaftlern hinreichend bekannt sind. So können Gifte der Abwehr von Feinden dienen. Gifte sind aber auch im Tierreich nicht nur Wehrgifte im Sinne von Schutz- bzw. Verteidigungswaffen, sondern sie besitzen ebenso die Funktion von Angriffswaffen, nämlich dann, wenn das Tier zu seiner Nahrungssicherung das Gift als Mittel der Lähmung oder Tötung seiner Beute *benötigt*. Das Wort *„benötigt"* sei unterstrichen, weil der „chemische Krieg" im Tierreich den Menschen zur Kopie verleitet hat, um seine aggressiven Absichten noch brutaler und perfekter durchsetzen zu können. Für den Menschen bestand jedoch hierfür zu keiner Zeit seiner Geschichte eine Notwendigkeit und somit ist für ihn auch keine Rechtfertigung zur kriegerischen Anwendung von Giften gegeben, wohingegen die Gifttiere und tierischen Gifte eine begründete biologische Funktion – auch in einem aggressiven Sinne – besitzen.

Während es für die Gifte im Tierreich in einer Reihe von Fällen Hinweise auf kausale Zweckbestimmungen der Gifte gibt, ist dies für das Pflanzenreich schon wesentlich schwieriger. Das wohl bekannteste Beispiel in der Lehrbuchliteratur liefert seit Jahrzehnten – genauer gesagt seit 1929 – Sir ALEXANDER FLEMMING mit seiner epochalen Entdeckung des Schimmelpilzes Penicillium notatum. Dieser Pilz verschafft sich durch das Ausscheiden eines Giftes – eines Antibiotikums (also wörtlich einer gegen das Leben gerichteten Substanz!) – seinen Lebensraum in einer ihn bedrängenden mikrobiellen Umwelt – in seinem Falle einer Umwelt aus benachbarten Familien der Spaltpilze. Sir ALEXANDER FLEMMINGS Petrischale spiegelte den gigantischen Kampf wider, der in der Welt der Mikroorganismen ein alltägliches Ereignis darstellt.

Noch völlig unbekannt und zweifelhaft ist uns hingegen bis heute, ob es eine kausale Zweckbestimmung der mineralischen Gifte gibt. Im periodischen System der Elemente findet man zahlreiche, zum Teil sehr starke Gifte – sei es das Arsen, das Fluor, das Chlor bis hin zum Radium und zum Plutonium, des wahrhaften Höllenhundes Pluto unter allen Giften; wobei in letzterem Falle des Plutoniums der Mensch Gefahr läuft, eine eigene „Teleologie" zu schaffen, die der Selbstvernichtung seiner Spezies und allen anderen Lebens auf dem Raumschiff, das wir Erde nennen, dient. –

Die erste Frage nach der Bedeutung der Gifte in der Natur zeigt also, daß es insgesamt noch eine große, wenn nicht gar die weitaus größere Zahl von tierischen, pflanzlichen und mineralischen Giften gibt, deren Funktion in den biologischen Regelkreisen dem Menschen bis heute verborgen geblieben ist. Es werden sich noch viele Generationen von Toxikologen mit dieser Frage zu beschäftigen haben. Dabei wird man auch immer wieder auf die Darlegungen von MAX BLUMER aus der Woods Hole Oceanographic Institution, Massachusetts/USA, stoßen, die er über die organischen Verbindungen in der Natur und die Grenzen unseres Wissens gemacht hat.[1] Hier sei nur das Motto dieser Darlegungen von BLUMER zitiert, welches er aus dem Werk der SAINT AVVAIYAR, einer indischen Dichterin aus dem 1. Jahrhundert v. u. Z., entnommen hat – es lautet in freier Übersetzung: „Was wir gelernt haben, gleicht einer Handvoll Erde, während das, was wir noch lernen müssen, vergleichbar ist mit der Erde als unserer gesamten Welt!" Mit diesem Zitat sei übergeleitet zu der zweiten der eingangs gestellten Fragen:

Welche Gifte haben für den Menschen Bedeutung?

Aus dem Voranstehenden geht hervor, daß der Mensch seit Anbeginn seiner Existenz von Giften begleitet war und bis heute begleitet wird. Sie zählen sozusagen zu seinen natürlichen Gefahren wie die wilden Tiere, wie der Blitzschlag, die Sturmflut oder die Lawine, nur hat er im Verlaufe der Jahrtausende durch – oft genug tödliche – Erfahrungen sich einen gewissen Wissensschatz über die Giftgefahren seiner Umwelt angeeignet; ein Wissensschatz, der ihn heute in die Lage versetzt, sich besser als zu Zeiten der Neandertaler vor Vergiftungen zu schützen, wenngleich auch hier die Fortschritte des Menschen größer dünken, als sie es wirklich sind. Noch sterben alljährlich allein an tierischen Giften 50 000 Menschen auf der Welt, und die Zahl der durch giftige Pilze, giftige Beeren oder andere Früchte Getöteten dürfte ähnlich hoch, wenn nicht gar höher liegen – nicht zu reden von denen, die durch Gifte in der Natur zwar erkranken, jedoch überleben.

Leider werden die Vergleichszahlen für die akuten Vergiftungen in der Arbeitswelt der Menschen nicht überall erfaßt und veröffentlicht. Es gilt jedoch als sicher, daß die Zahl der Todesfälle durch Gifte selbst in den Ballungszentren der giftproduzierenden chemischen Großindustrie weit unter der Zahl der Todesfälle durch Gifte in der Natur liegt (dies gilt allerdings mit der Einschränkung, daß man hier nur die akzidentellen Vergiftungen in Betracht zieht). Dieses zunächst günstig erscheinende Bild verändert sich jedoch schlagartig bei der Betrachtung der Situation, wie sie sich darbietet, wenn die suizidalen Todesfälle durch Vergiftungen berücksichtigt werden oder gar, wenn die Problematik der erst über Langzeiteffekte in Erscheinung tretenden tödlichen Vergiftungen durch die nach Art und Menge in unserer Umwelt lawinenartig angewachsenen synthetischen und teilsynthetischen Gifte aus allen Bereichen der Industrie, der Landwirtschaft sowie der verschieden-

---

[1] Sie sind in deutschsprachiger Fassung in der Zeitschrift „Angewandte Chemie" **87.** Jg. (1975), H. 15, S. 527–534 nachzulesen und jedem naturwissenschaftlich Interessierten bestens zu empfehlen!

sten Gewerbe und schließlich derjenigen aus der privaten Sphäre der Menschen mit in Rechnung gestellt wird. Damit nähern wir uns mehr und mehr den aktuellen Fragestellungen der chemischen Toxikologie in der heutigen Umweltforschung. Man erkennt, daß die Gifte nach der Art ihres Vorkommens und der Menge von Erscheinungsbildern der unterschiedlichsten Vergiftungen sowie der Zeit in bzw. nach welcher Schäden als Folge von Gifteinwirkungen auftreten, einen tiefgreifenden Bedeutungswandel durchgemacht haben bzw. noch durchmachen.

Wenn hier also die Frage nach den Giften zu stellen ist, die für das Leben der Menschen von Bedeutung sind, dann kann niemand an der Tatsache vorübergehen, daß es nur in untergeordnetem Maße die akuten Vergiftungsfälle sind, welche zu gesundheitlichen Schäden und zum Tode führen. Weitaus bedeutsamer nimmt sich dagegen die Feststellung der Weltgesundheitsorganisation aus, wonach 70–80% aller Krebserkrankungen auf Gifte in der Umwelt des Menschen zurückgeführt werden können. Aber auch der Anteil der Umweltgifte an den Herz- und Kreislauferkrankungen ebenso wie die Erkrankungen der Atemwege, desgleichen viele Hautkrankheiten und Allergien, ferner rheumatische Prozesse und selbst psychonervale Störungen werden mehr und mehr mit dem Anwachsen von Fremdstoffen in den verschiedensten Lebensbereichen des Menschen in kausale Zusammenhänge gebracht.

Eine solche Feststellung soll nun keineswegs die ohnehin bestehende „Giftfurcht" vergrößern. Es wird bei der Beantwortung der dritten Frage noch darauf einzugehen sein, was der Mensch tun kann bzw. tun muß, um mit den Giften zu leben. Zunächst soll jedoch noch auf einige Gifte bzw. Giftklassen eingegangen werden, die besondere Bedeutung für den Menschen von heute und seine Umwelt haben. Dies dient nicht nur der Illustration schlechthin, sondern es ist eine bewußte Auswahl solcher giftiger Produkte, die teils berechtigt und teils übertrieben „ins Gerede gekommen" sind, weil tatsächliche Vorkommnisse hierfür den Grund abgaben oder journalistisch aufgemachte Halbwahrheiten der Anlaß für das öffentliche Interesse waren.

In zahlreichen industriellen Produktgruppen stößt man auf Gifte von herausragender Bedeutung für den Menschen. Sie sind zu einem erheblichen Teil in doppeltem Sinne bedeutungsvoll – hinsichtlich der Gefährdung ebenso wie hinsichtlich des Nutzens. Damit sind sie aber zugleich bedeutsam für die Umweltforschung im weitesten Sinne, denn solchen Produktgruppen kommen ökologisch-geographische Besonderheiten ebenso zu, wie sie zu Konsequenzen für die Präventivmedizin, für die Arbeits- und Sozialhygiene und auch für die Ökonomie bzw. die Volkswirtschaft insgesamt führen. Als typische Beispiele seien hier genannt:

– *Die Arzneimittel*, die als biologisch hochaktive Verbindungen beim Überschreiten der meist sehr eng gezogenen Dosis-Wirkungs-Grenze oder bei falscher örtlicher und zeitlicher Anwendung sehr gefahrvolle Gifte sein können bzw. bei Langzeit-Medikationen werden.
– *Die Pestizide*, also Pflanzenschutz- und Schädlingsbekämpfungsmittel sowie die

Mittel zur biologischen Prozeßsteuerung, die in den anwendungsgerechten Konzentrationen zwar keine Gifte für den Endverbraucher der mit Pestiziden behandelten Nahrungsgüter sind, die jedoch ebenfalls auf Grund ihrer starken biologischen Aktivität bei unsachgemäßer Anwendung Gifte mit hohem Gefahrenrisiko darstellen.

– Die *sogenannten Haushaltchemikalien,* worunter heute eine breite Palette chemisch-technischer Erzeugnisse verstanden wird, die von den Reinigungs- und Pflegemitteln über Lacke und Farben bis hin zu Frostschutz- und Kühlmitteln reicht. Natürlich sind die meisten dieser Erzeugnisse bei sachgemäßer Handhabung unbedenklich, trotzdem bergen sie Vergiftungsgefahren in sich, die vor allem für Kleinkinder, aber auch für Hausfrauen schon oft genug verhängnisvoll waren.

Den vorstehend ausgewählten Beispielen kommt eine besondere Rolle zu, wenn es um die Bewertung der toxikologischen Gefahren in der Umwelt des Menschen geht. Im Sinne der „Umwelttoxikologie" spannt sich der Bogen der zu beachtenden Gifte allerdings noch viel weiter. Es wären hier neben den eingangs erwähnten Giften aus dem Mineral-, Pflanzen- und Tierreich vor allem die Gifte auf den Gebieten der Nahrungs- und Genußmittel zu nennen – last not least – die kaum noch überschaubare Zahl der giftigen Abgase, Abwässer und sonstigen Abprodukte aus den Bereichen der Industrie, der Gewerbe, der Landwirtschaft, der Haushalte und schließlich noch die des Verkehrswesens zu Lande, zu Wasser und in der Luft.

Was da nun insgesamt alles auf den menschlichen Organismus einwirkt und wie bzw. mit welchem Effekt dies alles wirkt und zusammenwirkt, vermag heute kein Toxikologe exakt zu sagen. Diese Feststellung ist sehr ernst, denn in der Wissenschaftsgläubigkeit unserer Zeit gehen viele Menschen davon aus, daß die Experten es schon wissen werden oder doch zumindest in allernächster Zeit erforschen können. Die Realität stellt sich jedoch anders dar. Gerade auf dem toxikologischen Gebiet sind die exakten Kenntnisse und Erkenntnisse noch gering, weil eben die Toxikologie – und besonders die Umwelttoxikologie – noch nicht sehr lange auf eigenen festen Füßen steht, d. h. auf gesichertem und damit zuverlässigem Wissen aufbauen kann. Zuverlässiges Wissen ist aber die unabdingbare Voraussetzung für richtiges Handeln.

In noch vorhandene Wissenslücken nistet sich heute wie im Mittelalter oder in noch früherer Zeit nur allzuschnell und schwer ausrottbar die Vermutung, das Gerücht, die Anschuldigung, die Lüge ein und damit nahezu zwangsläufig die Sorge, die Angst, die Panik, ja auch der Haß – in diesem Falle der Haß gegen „die Technik" oder gegen „die Chemie" oder gar gegen den wissenschaftlich-technischen Fortschritt schlechthin. Nun ist dies zwar in westlichen Ländern ausgeprägter als bei uns, aber auch über uns gehen die Ätherwellen per Ton- und Bildfunk hinweg und auch in unseren Zeitungen und Zeitschriften finden die naturwissenschaftlichen Fakten nicht immer eine sachkundige journalistische Interpretation.

Als ein Beispiel bedeutungsvoller Gifte sei – stellvertretend für die umfangreiche Palette synthetischer Gifte – die Problematik, um die es hier geht, an den *Pflanzen-*

schutz- und Schädlingsbekämpfungsmitteln dargestellt. Diesen Mitteln wird besonders häufig eine Art „Generalschuld" an der umwelttoxikologischen Situation gegeben. Ein wohl weltweit bekannter Vertreter dieser Produktgruppe ist nahezu zum Symbol bzw. zum Ausgangspunkt für die in Industriestaaten ebenso wie in Entwicklungsländern so intensiv und emotional geführte „Umweltdiskussion" geworden – gemeint ist das *DDT*, d. h. das Dichlordiphenyltrichloräthan.

Dieser Chlorkohlenwasserstoff war bereits 1874 von ZEIDLER synthetisiert, aber erst 1938 von PAUL HERMANN MÜLLER in seiner insektiziden Wirksamkeit erkannt worden. Diese Erkenntnis und der Nutzen, der daraus im und nach dem II. Weltkrieg zur Bekämpfung der die Malaria übertragenden Anopheles-Mücke oder der das Fleckfieber verbreitenden Kleiderläuse gezogen wurde (um hier nur zwei aus einer Vielzahl mit DDT bekämpfbarer Schädlinge zu nennen), brachte für MÜLLER die Ehrung mit dem Nobelpreis. Dreißig Jahre nach der Aufnahme der industriellen Produktion dieses Insektizides wurde in vielen Ländern seine Anwendung untersagt oder – wie z. B. in der DDR – drastisch eingeschränkt bzw. auf eng begrenzte Ausnahmefälle (z. B. im Forstschutz) reduziert.

Schon bald wurden *weitere Pestizide* kritischen Prüfungen unterzogen. Manche von ihnen wurden daraufhin verboten, für nahezu alle solche Pflanzenschutz- und Schädlingsbekämpfungsmittel sind äußerst strenge Gesetzesregeln aufgestellt worden.

Leider ist aber bis heute das Mißtrauen einer breiten Öffentlichkeit gegen diese zur Bewältigung der Welternährungssituation prinzipiell notwendigen chemischen Mittel nicht abgebaut. Dies, obwohl – wie noch zu zeigen sein wird – es heute weitaus größere umwelttoxikologische Gefährdungen gibt. Außer bei Arzneimitteln und im Strahlenschutz gibt es nirgends im industriellen Bereich sowie in der Anwendung derart umfassende Handhabungsregeln, die Gesetzeskraft besitzen, und dementsprechend intensiv ist die Überwachung und regelmäßige Kontrolle.

Hierfür sei an dieser Stelle eine kleine Rechnung eingefügt und eine Vorbemerkung noch vorangestellt.

Der Toxikologe bestimmt im Tierversuch zur Kennzeichnung einer beliebigen chemischen Verbindung den sogenannten *LD_{50}-Wert;* dies ist der Wert für die letale Dosis 50, d. h. der Wert gibt an, bei welcher Dosis 50% der im Versuch eingesetzten Tiere durch das Gift getötet werden. Dieser LD_{50}-Wert hängt wesentlich davon ab, auf welchem Weg man das Gift appliziert (i. v., i. p., s. c., p. o. usw.) und welches Versuchstier verwendet wird (Maus, Ratte, Hund, Katze, Meerschweinchen usw.). Für Gifte, die man vorzugsweise mit der Nahrung aufnimmt, spielt demzufolge die Bestimmung des oralen LD_{50}-Wertes eine wichtige Rolle. Als Versuchstiere werden zumeist erst einmal Ratten verwendet, weil sie billig und gut zu züchten sind und viele internationale Vergleiche mit diesem Versuchstier vorliegen. Soviel als ganz knappe Vorbemerkung für die nun folgende Rechnung.

Der LD_{50}-Wert wird bei starken Giften üblicherweise in Milligramm pro Kilo Körpergewicht des Versuchstiers bzw. des Menschen angegeben, d. h. pro 1.000 g also 0,001 g. Die tödliche Dosis für die Blausäure beträgt beispielsweise 1 mg/kg, d. h. für den Menschen wären also durchschnittlich 70 mg Blausäure tödlich. In solchen Größenordnung liegen nun auch die LD_{50}-Werte für einige wichtige Phosphorsäureester-Pestizide. Nehmen wir als Beispiel den Wofatox-Wirkstoff, so liegt dessen akute orale Toxizität, sein LD_{50}-Wert, bei etwa 3 mg/kg. Werden Äpfel oder Birnen in einer Obstplantage mit Wofatox gespritzt (wobei der Wirkstoff nur in einer Verdünnung von 1 : 1.000, also 0,1%ig zur Verwendung kommen darf!), so beträgt unmittelbar nach der Spritzung der auf dem Obst verbleibende Rückstand 1 ppm! 1 ppm ist der Ausdruck für einen Bruchteil eines Prozentsatzes, nämlich einen Teil auf 1 Million Teile, also 0,001 g je kg, bzw. 0,1 g je 100 kg oder 1 g je Tonne! Hat nun das Obst den schon erwähnten Rückstand von 1 ppm Wofatox, so entspricht dies einer Menge von etwa 0,15 mg bezogen auf den reinen Wirkstoff. Ein Mensch müßte also mindestens 200 kg frisch gespritzter Äpfel oder Birnen essen, um sich tödlich zu vergiften.

Aber der Gesetzgeber betreibt den Schutz des Verbrauchers noch weitergehend, indem er annimmt, daß der Mensch zehnmal empfindlicher sein könnte als das empfindlichste Versuchstier und ein besonders empfindlicher Mensch noch zehnmal empfindlicher als ein „Durchschnittsmensch" – also wird mit $10 \times 10 = 100$ für die Toleranzfestlegung ein zusätzlicher Sicherheitsfaktor festgelegt, d. h. man läßt nur 1/100 des Wertes als erlaubten Rückstand zu, der als sogenannter „no effect-level" gilt und nennt diesen Wert "acceptable daily intake" (*ADI-Wert*).

Dieser ADI-Wert wird im allgemeinen nicht aus dem LD_{50}-Wert abgeleitet, sondern aus subchronischen und chronischen Fütterungsversuchen gewonnen (auf Einzelheiten kann hier nicht eingegangen werden). Der ADI-Wert gibt die Rückstandsmenge an, die lebenslang täglich je Kilogramm Körpergewicht vom Menschen ohne Schaden vertragen werden kann. Hinzu kommt dann noch ein Nahrungsfaktor sowie eine weitere Sicherheitsspanne, die um das 100fache unter der toxikologischen Toleranz liegen, und erst dieser Wert stellt die gesetzlich erlaubte Höchstmenge dar, die dann regelmäßig analytisch überwacht wird.

Dieser Sachverhalt der Toleranzfestlegung und ihrer analytisch-toxikologischen Kontrolle ist hier sehr gerafft und zwangsläufig vereinfacht dargestellt worden, aber man ersieht wohl trotzdem daraus, daß auf dem Gebiet der Pestizide mit ganz außerordentlicher Vorsorge der Einsatz dieser Mittel betrieben wird, und hier die chemische Toxikologie den Forderungen des Umweltschutzes im allgemeinen sowie des Schutzes der Menschen im besonderen zur Wirksamkeit verhilft.

Wenn es aber trotzdem noch Probleme mit der Anwendung der Pestizide gibt, so liegt dies daran, daß

- einige solcher Pestizide im Körper gespeichert werden und damit zu kumulativen Effekten führen können (Beispiele hierfür sind zahlreiche der Halogenkohlenwasserstoff-Pestizide vom DDT- oder Lindan-Typ),
- einige Pestizide extrem giftige Nebenprodukte enthalten, so daß derartige Nebenprodukte zum eigentlichen umwelttoxikologischen Problem werden (ein allgemein bekanntes Beispiel hierfür sind die Chlorphenolverbindungen als

Basis wichtiger Herbizide und Holzschutzmittel sowie Desinfektionsmittel; solche Chlorphenole können mit Tetrachlorbenzodioxin verunreinigt sein bzw. kann sich dieses Dioxin bei thermischen und anderen Zersetzungsreaktionen bilden),

- nicht genau bekannt ist, welche synergistischen Effekte mit anderen „Umweltchemikalien" die toxische Wirkung der Pestizide in der Umwelt zu steigern vermögen (beispielsweise vermag derzeit noch niemand mit Sicherheit zu sagen, ob aminogruppenenthaltende Herbizide mit nitrathaltigen Düngemitteln unter Bildung der als stark kanzerogen erkannten Nitrosamine reagieren),
- die Gefahr eventueller Spätschäden auch bei allergeringsten Rückstandsmengen (z. B. im ppb-Bereich) nicht mit Sicherheit ausgeschlossen werden kann,
- nicht alle Metabolite analytisch erfaßbar sind und ihre Reaktionen mit endogenen Stoffwechselprodukten noch weitgehend im Dunkeln liegen.

Ist nun schon die Situation bei so wichtigen Produkten wie den Pflanzenschutz- und Schädlingsbekämpfungsmitteln noch recht unübersichtlich, so wird sie für die Vielzahl der heute in unserem Lebensraum eingebrachten und abgelagerten sowie umgesetzten chemischen Erzeugnisse nicht mehr erfaßbar. Wenn die Menschen trotzdem in einem solchen „Ozean von Fremdstoffen" überleben, so liegt dies daran, daß der menschliche Organismus innerhalb gewisser Konzentrationsgrenzen über körpereigene Entgiftungsmechanismen verfügt und eingetretene Schädigungen, z. B. im genetischen Material auf eine erst bruchstückhaft bekannte Weise regelrecht repariert werden („repair-Prozesse"). Diese Reparaturen und damit verknüpfte Entgiftungsvorgänge sind nun aber, wie alle biochemischen Prozesse beim Menschen, genetisch determiniert und deshalb einer erheblichen individuellen Schwankungsbreite unterworfen (der Volksmund stellt lapidar fest: „Der eine verträgt mehr als der andere").

Die Toxikologie ist deshalb seit Jahren bemüht, gemeinsam mit anderen biowissenschaftlichen Disziplinen Licht in das molekulare Dunkel aller solcher Giftungs- und Entgiftungsprozesse zu bringen – aber wir stehen erst am Anfang einer mühevollen Forschung. Dies wird allzuoft vergessen, ebenso wie vergessen wird, daß auf die meisten der uns umwelttoxikologisch belastenden Chemieprodukte gar nicht verzichtet werden kann, es sei denn um den Preis von Hunger, Krankheit und damit dem sicheren Untergang der in den nächsten Jahrzehnten auf 6 Milliarden angewachsenen Menschheit.

Angesichts dieser Sachlage sollten die Menschen doch bei sich selbst, d. h. in ihrer persönlichen Umwelt damit beginnen, toxikologische Risiken abzubauen. Man kann nicht auf die Fabrikschornsteine als „Grabkreuze der Zivilisation" schimpfen, aber geflissentlich darüber hinwegsehen, daß z. B. in der DDR pro Jahr über 30 Milliarden kleiner weißer Schornsteine in Form von Zigaretten entzündet werden, daß der Alkoholkonsum auf dem Weg zu trauriger Weltrekordhöhe ist, daß eine sachlich nicht gerechtfertigte Benzinvergeudung betrieben wird, daß man die Freizeiträume zersiedelt und in einem nicht mehr vertretbaren Umfang Straßen, Plätze, Parks, Wälder und Strände mit Abfällen bedeckt werden.

Die anspruchsvollsten Programme der Umweltforschung und das bestmögliche Einbeziehen der chemischen Toxikologie in solche Forschungsvorhaben bleiben Stückwerk, solange der heutige Mensch sich der Einsicht entzieht, daß nicht die hochgelobte Technik und ein ausgeklügeltes Management die Schlüssel zur Bewältigung der Situation sind, sondern der Mensch sein Verhalten zu seiner Umwelt entscheidend ändern muß!

Solche Bemerkungen wollen nicht von ungelösten Problemen ablenken und keinesfalls die umwelttoxikologischen Erfordernisse der Industrie bagatellisieren, aber es gilt, zu einer neuen Selbstdisziplin zurückzufinden. Wir können nicht auf ein permanentes Wohlstandswachstum rechnen, sondern es gilt zu begreifen, daß – zwar regional verschieden – die Menschen schon an den Grenzen des Wachstums angelangt sind, wobei dies nicht bedeutet, daß die Grenzen des Wachstums auch zugleich die Grenzen des Fortschritts sind.

Was vermag der Mensch, um mit den Giften in seiner Umwelt zu leben und zu überleben?

Aus dem vorstehend Dargelegten geht für jeden erkennbar hervor, daß es einen Verzicht auf die vom Menschen geschaffenen und zur Anwendung gebrachten biologisch aktiven chemischen Verbindungen nicht geben kann. Ob aber die Arzneimittel oder die Pestizide oder die Haushaltchemikalien und die vielen anderen Erzeugnisse der Chemie uns als Gifte bedrohen oder nicht, dafür tragen wir selbst die Verantwortung.

Diese Verantwortung ist nicht plakativ, sondern sehr konkret und unausweichlich! Sie bedeutet höchste Anstrengungen in der Forschung, um vom molekularen Geschehen bis hin zu den morphologisch faßbaren Auswirkungen verläßliche Kenntnisse zu erwerben, damit in die toxikologisch relevanten Vorgänge regulierend eingegriffen werden kann.

Diese Verantwortung verlangt auch, daß aus dem jetzt schon Erkannten die richtigen Folgerungen für den Gesundheits- und Umweltschutz gezogen werden. Für die chemische Toxikologie bedeutet dies im Rahmen der Umweltforschung, daß sie immer stärker die Rolle einer präventiven Toxikologie übernimmt. Damit wird sie der Umweltforschung Impulse verleihen können, die auf einen gezielten Umweltschutz hinwirken und nicht bei der bloßen Registrierung von Umweltschäden stehen bleiben. Bei der Erforschung der Umwelt nimmt deshalb die chemische Toxikologie eine Art Kompaßfunktion wahr, die es gestattet, daß das „Menschheitsschiff“ sicher an den Klippen und Untiefen toxischer Risiken vorbeigesteuert werden kann. Oft genug wird dies eine Fahrt zwischen Skylla und Charybdis sein.

Zur Verantwortung der Toxikologie in der Umweltforschung gehört es ebenso, jedem Erkenntnismißbrauch entgegenzutreten, denn gerade auf dem Gebiet der Toxikologie liegen Segen und Verbrechen sehr nahe beieinander! Man denke nur an den verbrecherischen Einsatz der Herbizide in Vietnam oder auch an die Verwendung der Blausäure in den deutschen KZ der Nazizeit oder an die vielen Gastoten des I. Weltkrieges und der bis heute als Damoklesschwert über unseren Köpfen schwebenden Raketen und Satelliten, angefüllt mit tödlichem Plutonium und anderem radioaktiven Material. Die ökologische Katastrophe ist angesichts der schon vorhandenen militärischen Mittel und Möglichkeiten regelrecht vorprogrammiert, wenn es den Menschen nicht gelingt, wirksame Abrüstungsmaßnahmen durchzusetzen!

Dies ist keine platte politische Agitation, es ist leider die harte Wirklichkeit einer Welt, in der jährlich 50 Millionen Menschen Hungers sterben, in der 400 000 Wissenschaftler für die Rüstung arbeiten, in der in jeder Minute weltweit nahezu 1 Million Dollar für militärische Zwecke ausgegeben werden (das ist eine Jahressumme von nahezu 400 Milliarden Dollar!). Deshalb darf, wer über Umwelttoxikologie spricht, nicht daran vorbeigehen, daß es heute spezifische militär-technische Möglichkeiten zum Umweltkrieg gibt, die neben physikalischen Mitteln der Vernichtung auch in ganz besonderem Maße die großflächige, d. h. weite Territorien von der Größe ganzer Länder, ja Kontinente umfassende Vergiftung mit Ultragiften zur Realität werden lassen würde, wenn es uns nicht gelingt, einem solchen Krieg durch die vorstehend schon erwähnten Abrüstungsmaßnahmen zu begegnen.

Es muß deshalb für jeden einzelnen zur festen Überzeugung werden, daß auf allen Ebenen der Technik die Menschen schon heute über die erforderlichen Mittel und Möglichkeiten verfügen, die es erlauben, mit den Giften zu leben und zu überleben. Natürlich leugnet das nicht die großen Wissenslücken über viele der biologischen Regelkreise in den Organismus und der metabolischen Prozesse, die toxische Substanzen in der belebten Welt durchlaufen oder wie sie sich in den nur scheinbar unbelebten Bereichen der Erde über längere Zeiträume hin verhalten.

Aber trotz allen Erkenntnisdefizits in den Wissenschaften, trotz böser Wetterzeichen am politischen Firmament, trotz des Rüstungswettlaufs und trotz all des Hungers, des Elends und der Unvernunft sollte man sich nicht denjenigen anschließen, die den Untergang der Menschheit für nahe bevorstehend halten. Der Mensch ist so etwas Großartiges, Einmaliges, daß er auch über die Gabe verfügt, die tiefen Krisen dieses Jahrhunderts zu überwinden. Unsere Hoffnung liegt in einer neuen Generation begründet, einer Generation, die zu begreifen beginnt, was Technik sein kann, wenn man sie richtig verwendet und dafür die notwendigen gesellschaftlichen Voraussetzungen schafft.

Nicht zuletzt aber sollten die Menschen wieder lernen, mehr nachzudenken, bevor sie handeln. Letztendlich ist die heutige Bedeutung der chemischen Toxikologie für die Umweltforschung nur deshalb so groß geworden, weil über Jahrzehnte hinweg die „Anwendungseuphorie" das Nachdenken über die Konsequenzen des Einbringens von immer mehr Fremdstoffen und Schadstoffen in die Umwelt in den Hintergrund der Forschungserfordernisse gedrängt hatte.

Auswahlliteratur

BIOLAT, G.: Ökologische Krise? Dietz Verlag, Berlin 1974.

GIBEL, W., H. BERNDT, T. SCHRAMM u. KH. LOHS: Krebsverhütung und Umweltschutz. VEB Gustav-Fischer-Verlag, Jena 1975.

GUNN, D. L. u. I. G. R. STEVENS (Hrsg.): Pesticides and Human Welfare. Oxford University Press 1976.

HEINISCH, E., H. PAUCKE, H.-D. NAGEL u. D. HANSEN: Agrochemikalien in der Umwelt. VEB Gustav-Fischer-Verlag, Jena 1976.

HENSCHLER, D.: Veränderungen der Umwelt-toxikologischen Probleme. Angewandte Chemie 85, 1973, S. 317 ff.

LOHS, KH.: Aktuelle Probleme der chemischen Toxikologie (unter besonderer Berücksichtigung der umwelttoxikologischen Bewertung chemischer Produkte). Sitzungsberichte der Akademie der Wissenschaften der DDR Nr. 15/1973.

LOHS, KH. u. S. DÖRING (Hrsg.): Im Mittelpunkt der Mensch — Umweltgestaltung und Umweltschutz. Akademie-Verlag, Berlin 1975.

Sitzungsberichte der Akademie der Wissenschaften der DDR:

13 N (1976) Umweltkrieg und Abrüstung — Probleme und Perspektiven.

21 N (1977) Chemisch-toxikologische und ökotoxikologische Probleme der „Dioxine“.

2 N (1978) Schadstoffe in der Atmosphäre aus onkologischer und toxikologischer Sicht.

Gerhard Mohs

Geographische Raumkategorien und territoriale Planung

Im heutigen Selbstverständnis der institutionalisierten Geographie und der Geographen nimmt die Auffassung einen festen Platz ein, daß eine der wesentlichen Aufgaben der Geographie darin besteht, methodologisches und methodisches Rüstzeug oder auch „nur" aufbereitete Faktenkenntnisse als wissenschaftliche Grundlagen für die Planung und Entwicklung territorialer Organisationsformen der Gesellschaft zur Verfügung zu stellen. Dieses Selbstverständnis erwuchs unter sozialistischen Verhältnissen schon mit den ersten Schritten der jungen Sowjetmacht. Die Realisierung des GOELRO-Planes seit Beginn der 20er Jahre sowie die Ausarbeitung der ersten Fünfjahrpläne und ihre Verwirklichung in der sozialistischen Industrialisierung, bei der Entwicklung der sozialistischen Landwirtschaft, beim Aufbau neuer Industriezentren, Städte und Verkehrslinien, riefen die Geographen in der Sowjetunion frühzeitig dazu auf, an der Lösung praxisrelevanter Aufgaben unmittelbar mitzuwirken. Nach dem 2. Weltkrieg kam es auch in den anderen sozialistischen Ländern mehr oder weniger schnell und mehr oder weniger intensiv zur Orientierung der geographischen Forschung auf solche Aufgaben, die für den Aufbau der sozialistischen Volkswirtschaft in den jeweiligen Ländern von direktem Belang waren.

In der Gegenwart ist ein solcher Trend der geographischen Forschung auch in vielen kapitalistischen Industrieländern und ebenso in den Entwicklungsländern zu beobachten. Grundlagen für die territoriale oder regionale Planung von Ländern und Gebieten zu schaffen, ist so zu einem universalen Anliegen der Geographie geworden. Das erweisen ungezählte Vorträge auf internationalen und nationalen Kongressen sowie Tagungen und eine nicht mehr überschaubare Fülle von Publikationen zu „angewandt" geographischen Themen.

Trotzdem ist die Geographie auch heute keine „Planungswissenschaft". Ihr Aufgabenspektrum ist breiter, und die Relevanz ihrer Aussagen für die gesellschaftliche Praxis erschöpft sich nicht in einem unmittelbaren Bezug zur Volkswirtschaft. LÜDEMANN [26] weist auf vier *Wirkungsfelder* hin, in denen die Ergebnisse geographischer Forschung für die sozialistische Gesellschaft bedeutungsvoll werden:

a) Prognose und langfristige Planung gesellschaftlicher, insbesondere volkswirtschaftlicher Prozesse;

b) Bildung und Erziehung im Interesse der allseitigen Entwicklung sozialistischer Persönlichkeiten;
c) Mitwirkung in internationalen Organisationen und Unterstützung der Außenpolitik der sozialistischen Länder mit den spezifischen Mitteln der Wissenschaft; sowie
d) die Wissenschaftsentwicklung der Geographie selbst (als Teil der internationalen Wissenschaftsentwicklung insgesamt).

Trotz der damit umrissenen Breite ist das gesellschaftlich-volkswirtschaftliche Wirkungsfeld nicht zufällig an die erste Stelle gesetzt und damit angedeutet worden, daß die Aufgaben für die geographische Forschung in der DDR gegenwärtig und auch künftig zumindest zu einem wesentlichen Teil auf den Bereich orientiert bleiben wird, der in direkter Beziehung zur Leitung und Planung territorialer Prozesse in der entwickelten sozialistischen Gesellschaft der DDR steht.

Unter diesem Aspekt soll im folgenden versucht werden, einige Seiten der Beziehungen zwischen Geographie und Territorialplanung in der DDR zu beleuchten.

Neuere Tendenzen in der Territorialforschung und Territorialplanung

Bei der Darlegung von Grundlinien und Ergebnissen eines Forschungsberichtes „Zur Standortverteilung der Produktivkräfte in der DDR“ kommt Ostwald [6] zu der Feststellung: „Hauptergebnis des Forschungsberichtes ist die Einschätzung,
a) daß die territoriale Grundstruktur der Volkswirtschaft relativ stabil ist . . . ;
b) daß die für die weitere Erhöhung des Produktions- und Lebensniveaus in der DDR erforderliche weitere Rationalisierung der Standortverteilung der Produktivkräfte vor allem innerhalb der Gebiete (Bezirke, Kreise, Ballungsgebiete usw.) angestrebt werden muß . . .“ [6 S. 1].
Diese Formulierung ist in mehrfacher Hinsicht bemerkenswert.

Zum einen widerspiegelt der zitierte Forschungsbericht, wie durch Görmar, Lindenau und Ostwald [6] in der gleichen Quelle betont wird, den gegenwärtigen Erkenntnisstand der interdisziplinären Territorialforschung der DDR. An ihm hat ein großes Kollektiv von Wissenschaftlern der Territorialökonomie, der Geographie, der Soziologie, der Demographie, von ingenieurwissenschaftlichen Disziplinen u. a. aus Akademien und Hochschulen sowie aus den Büros für Territorialplanung der Bezirke mitgearbeitet. Den Aussagen ist somit ein hoher wissenschaftlicher Stellenwert einzuräumen.

Zum zweiten läßt sich ein gewisser Wandel in der Auffassung von den Aufgaben der Territorialplanung in der DDR herauslesen, der sich verschiedentlich in Diskussionen und Publikationen der letzten Jahre schon andeutete (vgl. auch [2]). Bis Ende der sechziger Jahre war die Territorialplanung in der DDR vorrangig auf die territoriale Sicherung der *volkswirtschaftlichen* Entwicklungsziele orientiert. Eine solche Orientierung war nicht zuletzt dadurch begründet, daß sich in den ersten beiden Jahrzehnten des sozialistischen Aufbaus durch *extensive* Erweiterung der Produktionsbasis, besonders in der Industrie, die Grundstruktur der Standortverteilung der Produktivkräfte erheblich veränderte. Es wurden auf diese Weise wesentliche territoriale Disproportionen abgebaut und das historische Nord-Süd-Gefälle als Erbe der kapitalistischen Vergangenheit in vieler Beziehung entscheidend verringert, nicht zuletzt durch umfangreiche Investitionen in der Infrastruktur der nördlichen Gebiete der DDR. Seit Beginn der siebziger Jahre jedoch werden die Aufgaben der Territorialplanung in hohem Maße durch die Orientierung auf die vorrangig *intensive* Entwicklung der Volkswirtschaft und zugleich durch die *sozialpolitischen* Ziele der weiteren Gestaltung der entwickelten sozialistischen Gesellschaft bestimmt.

Schließlich ist, wie an anderen Stellen der zitierten Quelle noch deutlicher wird, eine verstärkte Hinwendung der Territorialplanung auf komplexe Probleme der *gebietlichen* Entwicklung angesprochen. Das steht in einem gewissen Gegensatz zu den bislang aus der Sicht der Territorialplanung als vorrangig angesehenen Aufgaben, Entwicklungsprobleme solcher territorialen Teilstrukturen wie der Produktionsstruktur, der Siedlungsstruktur, der Infrastruktur usw. zu lösen. Aus dem Blickfeld des Geographen lag damit das Schwergewicht auf der Untersuchung der Raum*komponenten* als durchaus wichtigem Teilaspekt für die Einschätzung territorialer Strukturen und Prozesse. Jedoch lassen sich mit einer solchen Methode nur bedingt die notwendigen „tieferen Einsichten in die zunehmende Komplexität der gesellschaftlichen Entwicklung“ [13] gewinnen, die heute gerade von einem Bereich wie der Territorialplanung in besonderem Maße erwartet werden. Künftig nun sollen von der interdisziplinären Territorialforschung Entscheidungsvorschläge für die zentralen staatlichen Leitungs- und Planungsorgane erarbeitet werden, „die sich sowohl auf die Vervollkommnung der territorialen Grundstruktur der DDR als auch auf die Entwicklung von Gebieten und Gebietstypen beziehen, um so die Komplexität wirtschaftlicher, sozialer und ökologischer Prozesse im Territorium besser gewährleisten zu können“ [6].

Um einer solchen Aufgabenstellung durch die Territorialplanung entsprechen zu können, soll in den kommenden Jahren ein „Generalschema der Standortverteilung der Produktivkräfte in der DDR“ ausgearbeitet werden. Dazu wird die interdisziplinäre Territorialforschung aufgerufen, vertiefte Aussagen über die gegenwärtigen Grundformen der territorialen Organisation des gesellschaftlichen Reproduktionsprozesses sowie deren langfristige Entwicklungstendenzen zu erbringen. Wenn in diesem Zusammenhang der Begriff der Standortverteilung der Produktivkräfte gewissermaßen als Schlüsselbegriff verwendet wird, so ist mit ihm eine Gesamtheit von territorialen Organisationsformen des gesellschaftlichen Lebens umschrieben und Standort*verteilung* sowohl im Sinne eines zu leitenden und zu planenden Entwicklungsprozesses als auch als Widerspiegelung eines Zustandes der territorialen Struktur der Volkswirtschaft verstanden. Es wird damit die räumliche Bindung aller gesellschaftlichen Prozesse ausdrückt und der Stoffwechsel zwischen Gesellschaft und Natur im Territorium widergespiegelt.

Für die genauere Zielbestimmung der Forschung zur Ausarbeitung eines solchen „Generalschemas“ hat die Aussage über die Dialektik von relativer Stabilität der territorialen Grundstruktur und Dynamik der Gebietsentwicklung eine grundlegende methodologische Bedeutung. Vor allem die Standortverteilung der Industrie, das Netz der großen Städte, die Haupttrassen der Infrastruktur bilden im Territorium Knotenpunkte und Netze von hoher Konsistenz. Andererseits sind die Entwicklung der Hauptstadt Berlin oder einzelner Groß- oder Mittelstädte mit ihrem Umland, aber auch Gebiete mit starker Entwicklung der landwirtschaftlichen Produktion Beispiele für eine starke Dynamik der Gebietsentwicklung. Diese relative Stabilität auf der einen Seite und die Dynamik auf der anderen werden durch komplizierte Wechselbeziehungen beeinflußt, wie sie sich aus den wachsenden gesellschaftlichen Bedürfnissen, aus dem wissenschaftlich-technischen Fortschritt, der zunehmenden Bedeutung von Umweltfragen u. a. m. innerhalb und zwischen den Gebieten des Staats- und Wirtschaftsterritoriums der DDR und darüberhinaus auf internationaler Ebene ergeben.

Da die Geographie neben der Territorialökonomie als wesentliches wissenschaftliches Hinterland bei der Ausarbeitung des vorgesehenen „Generalschemas der Standortverteilung der Produktivkräfte in der DDR" angesehen wird, ergibt sich die Frage, welche methodologischen und methodischen Grundlagen und Verfahren die geographische Forschung in der DDR in die interdisziplinäre Territorialforschung einzubringen vermag. Oder anders ausgedrückt: Welche Eignung besitzen geographische Kategorien in bezug auf die zu lösenden Probleme der Territorialplanung?

Wir wollen dazu innerhalb des möglichen Rahmens einige der wesentlichen geographischen *Raum*kategorien in ihrer Beziehung zur Territorialplanung betrachten. Eine Diskussion dieser Fragestellung erscheint sowohl von der Sache als auch vom Zeitpunkt her nützlich. Trotz oder auch wegen seiner geradezu universalen Verwendung wird der Begriff Territorium (und das Adjektiv territorial) gegenwärtig in Wort und Schrift, in der wissenschaftlichen Literatur, in Gesetzen, Verordnungen und Beschlüssen in sehr unterschiedlichem Sinne verwendet. Weit unschärfer noch ist der Gebrauch des Begriffes Gebiet. Unter dem Blickwinkel der genannten künftigen Aufgaben der Territorialforschung und insbesondere im Hinblick auf das Streben, die Komplexität von gesellschaftlichen und Naturprozessen im Territorium und speziell innerhalb von Gebieten zu erfassen, ist zu überprüfen, inwieweit mit Hilfe geographischer Raumkategorien eine Präzisierung oder auch eine weitere Differenzierung von Kategorien der Territorialplanung erreicht werden kann; aber auch, welche Anforderungen sich aus der gesellschaftlichen Praxis für eine notwendige Vertiefung und Erweiterung des geographischen Kategoriengebäudes ergeben.

Das Territorium als Wirtschafts- und Lebensraum der Gesellschaft

Auf dem langen Weg, den die Menschen als gesellschaftliche Wesen im Verlauf ihrer historischen Entwicklung zurückgelegt haben, wurden mit den sich entwikkelnden Produktivkräften über die historischen Produktionsweisen hinweg die territorialen Organisationsformen des gesellschaftlichen Lebens immer vielfältiger und komplizierter. Die urwüchsige Bindung der Menschen an einen fixierten Teilausschnitt der Erdoberfläche lockerte sich mit der zunehmenden gesellschaftlichen und territorialen Arbeitsteilung. Gesellschaftliche Gruppen traten in Beziehung über immer weitere Entfernungen. Mit dem wissenschaftlich-technischen Fortschritt wuchs die Mobilität der Menschen, und die Wirkungsfelder ihrer gesellschaftlichen Aktivitäten nahmen immer größere räumliche Dimensionen an. Trotz der Vorstöße des Menschen in den Kosmos ist und bleibt die Oberfläche der Erde jedoch das „Territorium", der Raum, in dem die Menschen ihre Bedürfnisse befriedigen und entwickeln, in dem sie leben und arbeiten und sich als Gesellschaft reproduzieren.

Für mehr oder weniger geschlossene gesellschaftliche Gruppen, wie sie zum Beispiel das Staatsvolk eines Landes darstellt, ist das Territorium des jeweiligen Staates der vorrangige Wirtschafts- und Lebensraum, in dem der gesellschaftliche Reproduktionsprozeß – auch als Stoffwechselprozeß zwischen Gesellschaft und Natur – abläuft. Vorrangig in dem Sinne, weil über die innerstaatlichen gesellschaftlichen Aktionen und Kommunikationen hinaus auch internationale wirtschaftliche, politische und andere gesellschaftliche Beziehungen territorial wirksam werden. Andererseits ist der Raum, in dem sich der tägliche Lebensrhythmus der Menschen vollzieht und in dem sie ihre regelmäßigen Aktionen und Kommunikationen realisieren, zumeist sehr viel begrenzter. Es ist oftmals eine Stadt mit ihrem Umland oder ein Gemeindeverband in einem Agrargebiet, in dem sie ihre Bedürfnisse nach Wohnung und Arbeit, nach Bilden und Sich-Versorgen, nach (Nah-) Erholung usw. befriedigen. Auch dieser engere Ausschnitt der Erdoberfläche ist als Territorium Wirtschafts- und Lebensraum, wobei in ihm der Stoffwechselprozeß zwischen Gesellschaft und Natur durch eine spezifische Naturraumausstattung beeinflußt wird.

Wenn man als allgemeine Aufgabe der Geographie die Erforschung von Struktur und Dynamik von Natur- und Wirtschaftsräumen annimmt (vgl. [31, S. 8]), dann läßt sich im Rahmen eines geographischen Begriffssystems der Begriff „Territorium" als übergeordneter Begriff für einen Ausschnitt der Geosphäre von unterschiedlicher Dimension ansehen, der in komplexem Sinne sowohl wirtschafts- und sozialräumliche als auch naturräumliche Erscheinungen umfaßt.

Eine solche Auffassung ist der von Bönisch u. a. [2] vertretenen durchaus ähnlich, wenn dort aus territorial*ökonomischer* bzw. territorialplanerischer Sicht das Territorium als der Raum definiert wird, „in dem die gesellschaftlichen Reproduktionsprozesse ablaufen und der als Teil der Erdoberfläche nach staatlichen, ökonomischen und/oder geographischen Kriterien abgegrenzt ist" ([2 S. 296]). Im gleichen Sinne werden dann „die *Teile* des Territoriums des Staates oder der Volkswirtschaft, in denen die gesellschaftlichen Reproduktionsprozesse nicht in sich geschlossen verlaufen können (aber ebenfalls nach staatlichen, ökonomischen und/oder geographischen Kriterien abgegrenzt werden können) als *Gebiete* bezeichnet" [2].

In bezug auf die Planung wird dementsprechend der Territorialplanung die Gebiets- (oder auch Regional-) Planung zur Seite gestellt. Diese Begriffsbildungen werden jedoch weder im wissenschaftlichen Sprachgebrauch noch in der gesellschaftlichen Praxis einheitlich verwendet. Oftmals werden sowohl Gebiete im allgemeinen als auch speziell Bezirke, Kreise, Städte und Gemeinden und selbst Standorte einzelner Betriebe oder Einrichtungen unter dem Sammelbegriff „territoriale Einheiten" zusammengefaßt. Auf diese Weise erhält der Begriff „Territorialplanung" einen sehr umfassenden Sinn für die räumliche Planung auf allen Ebenen (zentral, örtlich, zweiglich, betrieblich). Diese terminologische Unsicherheit kommt auch in der schematischen Darstellung der territorialplanerischen Grundbegriffe nach Bönisch zum Ausdruck, in der zwischen einer Territorialplanung im engeren und im weiteren Sinne unterschieden wird (vgl. Abb. 1).

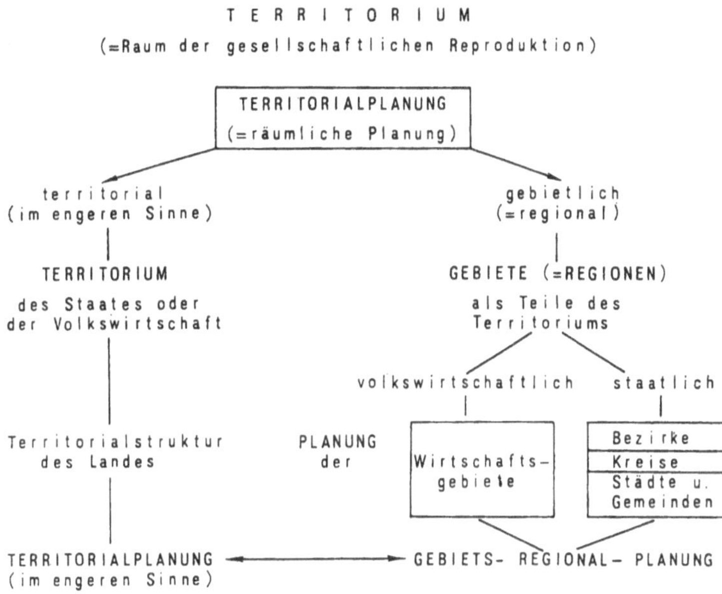

Abb. 1 Strukturvarianten auf Basis von Orientierung und Ordnung

Die betonte Hinwendung der Territorialplanung auf die Dynamik gebietlicher Entwicklungen rückt zwangsläufig verstärkt die räumliche Differenzierung der gesellschaftlichen, aber auch der natürlichen Strukturen im Territorium in das Blickfeld. Damit jedoch wird die Geographie für die Territorialplanung auf neue Weise interessant. Das trifft die geographische Forschung in der DDR nicht unvorbereitet, denn bereits seit Beginn der 60er Jahre werden von der ökonomischen Geographie mit den Forschungen zu Problemen der Ballungsgebiete ebenso wie mit den Forschungen zu Stadt-Umland-Regionen in den 70er Jahren, aber auch mit Forschungen zu Erholungsgebieten u. a. m. Gebietsstrukturen als geographische Objekte bearbeitet.

In einer gewissen Parallele dazu stehen Forschungen der Physischen Geographie zur Naturraumgliederung der DDR oder zu technisch veränderten Geosystemen. Zu einem nicht geringen Teil sind die Ergebnisse dieser Forschungen schon in der Vergangenheit bei der Ausarbeitung von Prognosen und Langfriststrategien zur Standortverteilung der Produktivkräfte mit herangezogen worden.

Die verallgemeinerten methodologischen und methodischen Erkenntnisse und Erfahrungen aus diesen angewandt-geographischen Forschungen lassen aber gerade bei der Erfassung der Komplexität wirtschaftlicher, sozialer und ökologischer Strukturen und Prozesse in der Dimension von Gebieten eine erfolgreiche Mitarbeit der Geographen erwarten; nicht zuletzt, weil das Bemühen der Geographie seit langem auf eine präzise und zugleich differenzierende Fassung des Gebietsbegriffes gerichtet ist. Das steht teils im Zusammenhang mit der Diskussion um das Regionalprinzip als Grundprinzip der Geographie überhaupt, teils war und ist der allgemeine Sprachgebrauch des Wortes Gebiet in Verbindung mit den verschiedenartigen Erscheinungen des gesellschaftlichen Lebens der Ausgangspunkt dafür. Das Arbeitskräfte-Einzugs*gebiet*, das Versorgungs*gebiet* einer Handelseinrichtung oder ein neuerschlossenes Landwirtschafts*gebiet* können als Beispiele gelten.

Jedem dieser genannten „Gebiete“ liegen von der Begriffsbildung her wirtschaftliche und soziale, gegebenenfalls aber auch ökologische Aspekte zugrunde, obwohl ihre Bestimmung, d. h. vor allem aber ihre Abgrenzung, jeweils nur von einer begrenzten Zahl von Merkmalen oder einer sehr eingeschränkten Merkmalskombination abgeleitet wird.

Damit sind zumindest zwei methodologisch bedeutungsvolle Problemkreise angesprochen, zum einen das Verhältnis von wirtschafts-, sozial- und naturräumlichen Komponenten zur Komplexität räumlicher Strukturen und Prozesse und zum anderen die Taxonomie und Hierarchie territorialer Gefüge.

Wirtschaftsräumliche Kategorien

Unter den geographischen Raumkategorien nehmen die wirtschaftsräumlichen Kategorien insofern einen besonderen Platz ein, als die wirtschaftliche Tätigkeit der Menschen die grundlegende Existenzform ihres gesellschaftlichen Seins überhaupt ist. Im ökonomisch-geographischen Kategoriengebäude wird daher dem „Wirtschaftsraum“ von vielen Autoren eine zentrale Stellung zugemessen. Auch die der Geographie in einer ganzen Reihe von Fragen sehr nahestehende Territorialökonomie betrachtet die der Territorialplanung unterliegenden „Gebiete“ vorrangig unter dem Aspekt von Wirtschaftsräumen, wenn sie die gesellschaftlichen Reproduktionsbeziehungen als wesentlichen Ausgangs- und Zielpunkt gebietlicher Untersuchungen ansieht (vgl. Abb. 2).

Aus ökonomisch-geographischer Sicht läßt sich im Sinne einer Differenzierung des allgemeinen Begriffs Wirtschaftsraum das „Wirtschaftsgebiet“ als *typologischer* Begriff für einen abgrenzbaren Teilausschnitt des Territoriums verwenden, dessen

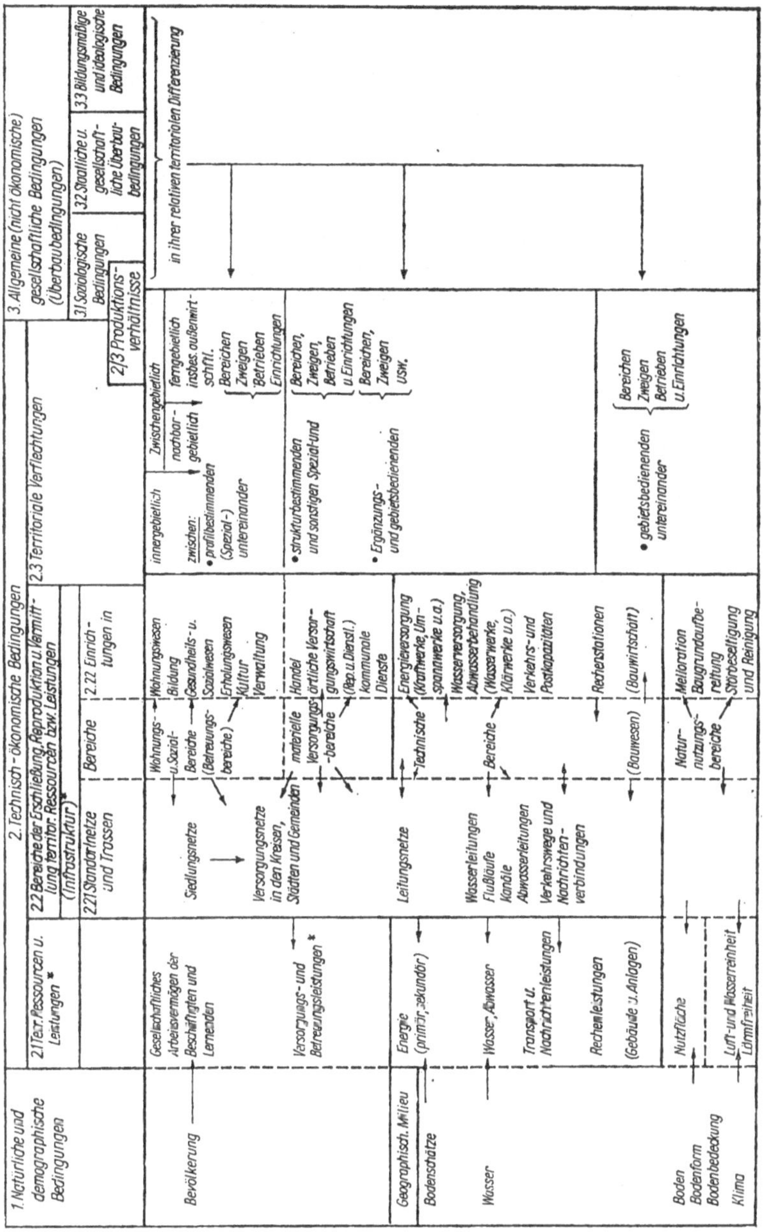

Abb. 2 Die territorialen Bedingungen des Reproduktionsprozesses (mit ihrem Umfang, technischem Niveau, ihrer Struktur, ihrer Dynamik und ihren Wechselbeziehungen)
Quelle: Bönisch, Mohs und Ostwald, Territorialplanung, Berlin 1976, S. 23

Struktur und Funktion sich durch typische Merkmale der wirtschaftlichen oder anderer Tätigkeit der Gesellschaft charakterisieren läßt (nach [31 S. 11]). In verbreitetem Gebrauch sowohl in der Geographie als auch in der Territorialplanung stehen davon abgeleitete Begriffe wie Industriegebiet, Agrargebiet, Ballungsgebiet, Erholungsgebiet usw.

Durch die umfangreichen geographischen Forschungen zu den Ballungsgebieten ist dieser Gebietstyp in der geographischen Literatur der DDR besonders eingehend beschrieben worden (vgl. [28, 30, 49, 18]). Sowohl für die Ballungsgebiete allgemein als auch hinsichtlich ihrer innergebietlichen Differenzierung sind strukturelle und funktionelle Merkmale analysiert und typologisch verallgemeinert worden. Wenn dabei die Ballungsgebiete als territoriale Einheiten betrachtet werden, die auf Grund ihrer hohen lokalen und regionalen Konzentration von Produktion, Bevölkerung und Infrastruktur in den Ballungskernen und Ballungsfeldern umfangreiche und stabile innergebietliche Verflechtungen entwickelt haben und sich durch besondere territoriale Struktureffekte auszeichnen, so bringt der Begriff „Ballungsgebiet" einen hohen Gehalt an Komplexität zum Ausdruck. Dennoch ist er eine *wirtschafts*räumliche Kategorie, da Ballung primär als eine Funktion der industriellen Entwicklung aufgefaßt wird [28, 29].

Auch die durch v. Känel und Scholz [17] sowie durch Scholz [47, 48] begründete Typenreihe von wirtschaftsräumlichen Einheiten ist in dem Sinne „wirtschaftsräumlich", daß von der jeweiligen dominanten Produktion innerhalb eines Gebietes sowohl die Strukturbestimmung als auch die Abgrenzung abgeleitet werden. Genau besehen, stellt die Abfolge der Typen vom Agrargebiet über das Agrar-Industrie- und Industrie-Agrargebiet zum Industriegebiet und schließlich zum Ballungsgebiet sogar nur *eine* partielle wirtschaftsräumliche Komponente, die Industrie, in den Mittelpunkt. Das Agrargebiet ist gleichzusetzen mit einem nicht bzw. wenig industrialisiertem Gebiet, das Ballungsgebiet dagegen ist die geographische Erscheinungsform eines Wirtschaftsgebietes mit einem besonders hohen Industrialisierungsgrad. Die Logik eines solchen Vorgehens liegt zum einen zunächst darin, daß in der DDR als einem hochentwickelten Industrieland die industrielle Produktion rund zwei Drittel des Nationaleinkommens ausmacht und in dieser Sicht volkswirtschaftlich dominiert, zum anderen beeinflußt die zunehmende Industrialisierung die territoriale Dynamik gegenwärtig und künftig entscheidend, wie das in den letzten Jahren besonders am schnell fortschreitenden Industrialisierungsprozeß auch innerhalb der Land- und Nahrungsgüterwirtschaft deutlich wird.

Für eine geographische Interpretation der Ballungsgebiete ist jedoch nicht schlechthin der hohe Industrialisierungsgrad entscheidend, sondern der Einfluß, der von der Industrie auf die Gesamtheit der territorialen Struktur und auch auf die Funktion der Ballungsgebiete ausgeht. Auf diese Weise werden die hohe Bevölkerungsdichte, die starke Urbanisierung, das dichte Netz von Anlagen und Einrichtungen der Infrastruktur, ebenso aber auch ökologische Erscheinungen, z. B. hinsichtlich der Luft und des Wassers, und vieles andere als territoriale Wirkungen der industriellen Entwicklung verstanden, ebenso wie die Stellung eines Ballungsgebietes im Rahmen der territorialen Arbeitsteilung und damit sein Platz in einem übergebietlichen Funktionsgefüge. Natürlich lassen sich nicht alle strukturellen und funktionellen Merkmale und Merkmalskombinationen in den Ballungsgebieten von der Industrie her ableiten, aber wesentliche Trends ihrer territorialen Dynamik und auch die entscheidenden (ökonomischen) Struktureffekte gehen auf die Grundbedingung der lokalen und regionalen Konzentration der Industrie in den Ballungsgebieten zurück.

Analoges gilt für die anderen wirtschaftsräumlichen Typen der genannten Reihe und auch für ähnliche Typen und Typenreihen, von denen allein in der DDR-Literatur eine große Zahl publiziert worden sind, unter ihnen zum Beispiel aus geographischer Sicht von Scherf und Schilde [44], aus der Sicht des Städtebaus durch Günther [44] oder aus einer stärker territorial-*ökonomisch* bezogenen Sicht durch Menge [27]. Das zeigt zum einen, daß die Gebietstypisierung bei weitem nicht das alleinige Feld der Geographen ist, und zum anderen, daß offenbar ein breites Bedürfnis nach Gliederung und Ordnung (= Klassifizierung und Typisierung) von Wirtschaftsgebieten innerhalb des volkswirtschaftlichen Ganzen nicht erst ein aktuelles Anliegen darstellt.

Vergleicht man die genannten und eine weitere Zahl von nicht genannten Gliederungs- und Typisierungsversuchen miteinander, dann zeigt sich, daß unter ihnen die Typologien, die von *strukturellen* Erscheinungsformen ausgehen, bei weitem dominieren. Fast immer bilden solche Strukturtypen wie Industriegebiet, Agrargebiet, Erholungsgebiet, eventuell auch Gebiete mit Sonderfunktionen (Dienstleistungen, Verkehr) den Ausgangspunkt, wobei die Bezeichnung den im Gebiet jeweils dominierenden Wirtschaftszweig ausdrückt. Durch spezifizierende Merkmale und durch Bildung von Mischtypen lassen sich die Typenreihen mehr oder weniger stark erweitern, wobei oftmals recht pragmatische Gesichtspunkte zugrundeliegen.

Sehr viel weniger bearbeitet sind *funktionell* begründete Wirtschaftsgebietstypen, obwohl die umfangreichen Forschungen zu den Stadt-Umland-Regionen, oder genereller zu Siedlungssystemen, die in den letzten Jahren von Geographen in der DDR durchgeführt worden sind, wesentliche Ansätze dazu bieten sollten. Sie werden von den Autoren jedoch selbst zumeist unter das Signum „sozialräumliche Beziehungen" gestellt. Es ist daher wert, auch diese Ansätze der Geographie in ihrer Bedeutung für die Territorialplanung zu betrachten.

Sozialräumliche Kategorien

Der Trend, soziale Erscheinungen zu einem selbständigen Gegenstand geographischer Betrachtung zu erklären, ist in den letzten Jahren auch in der geographischen Literatur der DDR sichtbar geworden. Was bei Schmidt-Renner [46] als „Ökologie des Menschen" noch der Versuch war, ökologische Gesichtspunkte auf die gesellschaftliche Sphäre auszuweiten bzw. (1973) die „Existenz- und Bewegungsformen der gesellschaftlichen Reproduktion" unter einem mehr territorialökonomischen Aspekt für die Geographie zu erschließen, hat sich inzwischen bei Schultze [51] zum „sozialen Reproduktionsraum der Bevölkerung" als geographisches Objekt verselbständigt. Verschiedene Begründungen dafür erscheinen zunächst auch plausibel, wenn man davon ausgeht, daß sich der einheitliche gesellschaftliche Reproduktionsprozeß auf einer bestimmten polit-ökonomischen Abstraktionsebene in einen ökonomischen und einen sozialen Reproduktionsprozeß gliedern läßt, oder wenn heute in den sozialistischen Ländern der ökonomischen Planung die Sozialplanung an die Seite gestellt wird in dem Bestreben, der Ziel-Mittel-Dialektik besser zu entsprechen, die der gesellschaftspolitischen Hauptaufgabe immanent ist, das materielle und kulturelle Lebensniveau der Mitglieder der sozialistischen Gesellschaft auf der Basis einer dynamischen Entwicklung der materiellen Produktion ständig zu erhöhen.

Ohne Zweifel lassen sich die geographischen Bedingungen und Erscheinungsformen der gesellschaftlichen Tätigkeit der Menschen – mithin der gesellschaftliche Reproduktionsprozeß in seiner Gesamtheit – nicht bloß auf wirtschaftliche Aktionen beziehen. Darum wurde bei Mohs und Scholz [31] bewußt das Begriffspaar „Wirtschafts- *und* Lebensraum“ als Grundkategorie im ökonomisch-geographischen Begriffssystem genutzt. Synonym dazu steht das Begriffspaar „Aktions- und Kommunikationsraum“ der Gesellschaft. Eine Akzentverschiebung gegenüber dem ersten liegt lediglich darin, daß die gesellschaftlichen Aktionen im weiteren Sinne, also über die wirtschaftlichen *Aktionen* hinausgehend, in ihrem Zusammenhang mit den sowohl wirtschaftlich als auch außerwirtschaftlich begründeten *Kommunikationen* innerhalb der Gesellschaft verdeutlicht werden sollen. Es ist daher m. E. eine Fehlinterpretation, wenn Schultze [51] sowie Neumann und Krönert [35] den Aktions- und Kommunikationsraum als spezifische sozialräumliche Kategorie dem Wirtschaftsraum gegenüberzustellen versuchen. Das führt weder zur Vertiefung der geographischen Theorie, noch, und darauf vor allem zielt diese Polemik, werden damit geographische Begriffe für die Territorialplanung besser handhabbar.

Das alles schließt nicht aus, auf einer bestimmten Abstraktionsebene die spezifisch *wirtschafts*räumlichen Aspekte durch andere Betrachtungsweisen des Wirtschafts- und Lebensraumes zu ergänzen und diese als *sozial*räumlich, also vorwiegend durch soziale Prozesse im engeren Sinne bestimmt, auszuweisen.

Die umfangreichen geographischen Untersuchungen, die in den letzten Jahren zu den Stadt-Umland-Regionen in der DDR durchgeführt und deren Ergebnisse von Krönert [19] zusammenfassend publiziert worden sind, ordnen sich einerseits in den breiten Strom geographischer Forschungen ein, für die das funktionelle Prinzip den primären Ausgangspunkt bildet, bzw. denen – spezieller gesehen – noch immer oder immer wieder Christallers Theorie der zentralen Orte zugrundeliegt. Andererseits wird aus dem Komplex von Personen-, Güter-, (Energie-) und Informationsströmen, die als Stadt-Umland-Beziehungen das räumliche Wirkungsfeld der Stadt-Umland-Regionen aufbauen, nur der „Partialkomplex der *personenbezogenen Stadt-Umland-Beziehungen* berücksichtigt“ ([19 S. 82]). Dementsprechend wird die Stadt-Umland-Region als eine „durch Personenbewegungen integrierte Raumeinheit“ definiert und ihre Hauptfunktion „in der Befriedigung bestimmter Stufen der Bedürfniskomplexe Arbeiten, Wohnen, Bilden, Versorgen, Erholen und Freizeitgestaltung zur Gewährleistung einer sozialistischen Lebensweise der in ihr lebenden Bevölkerung" gesehen ([19 S. 83]). Auf diese Weise ist die Betrachtung der Stadt-Umland-Region bewußt auf den sozialräumlichen Aspekt eingeschränkt.

Davon abgeleitet lassen sich aus den arbeits- und versorgungsräumlichen Stadt-Umland-Beziehungen sowie denen der Rekreation und Freizeitgestaltung eine Anzahl von *sozial*räumlichen Kategorien bestimmen, wie zum Beispiel „Pendelwanderungsgebiet", „Wohngebiet" oder gar ein „Erholungsbedarfsgebiet" [52].

Diese *können* für geographische Aussagen von Bedeutung sein, ihre Relevanz für die Territorialplanung ist sicher unbestritten. Eine andere Frage ist, inwieweit man sie als *geographische* Kategrorien betrachten kann oder soll. Ihr Einbau in „zweigspezifische" ökonomische oder andere gesellschaftswissenschaftliche Begriffssysteme, vor allem der Soziologie, dürfte oft zu sachgerechteren Ergebnissen führen. Zumindest ist die geographische Interpretation sozial*räumlicher* Kategorien an die Voraussetzung gebunden, ihre Stellung im *Komplex* der strukturellen und funktionellen Elemente, Komponenten und Beziehungen des Wirtschafts- und Lebensraumes zu bestimmen. Das kommt auch der Forderung von Seiten der Territorialplanung entgegen, die Frage zu beantworten, inwieweit die Stadt-Umland-Regionen „komplexe gebietliche Organisationsformen des gesellschaftlichen Reproduktionsprozesses darstellen, als solche den (ökonomischen, Verf.) Intensivierungsprozeß und die weitere Verbesserung der Arbeits- und Lebensbedingungen fördern und damit in das System der Leitung und Planung der Volkswirtschaft einbezogen werden müssen" ([32 S. 29]).

In seiner Darstellung zu Strukturtypen der Wirtschaftsgebiete verwendet MENGE [27] den Begriff „Städtische Wirtschaftsgebiete" synonym für Stadt-Umland-Regionen und stellt die ökonomischen Stadt-Umland-Beziehungen zumindest gleichrangig neben gesellschaftspolitische Beziehungen, Versorgungsbeziehungen u. a. In einer späteren Publikation wird mit gleichem Sinngehalt der Begriff „Städtische Gebiete" verwendet (vgl. [2]). Dabei werden die Städte selbst als „Zentren der wirtschaftlichen, geistig-kulturellen und sozialen Entwicklung des umliegenden Landes" ([2 S. 140]) aufgefaßt, und die „komplexe Planung städtischer Gebiete als Teilgebiete des Territoriums der DDR" gefordert ([2 S. 142]).

Dieser Exkurs über einige Aspekte der Forschungen zu den Stadt-Umland-Regionen könnte im Hinblick auf „sozialgeographische Betrachtungsweisen" [35] durch weitere Ansätze und Ergebnisse bevölkerungs- und siedlungsgeographischer Untersuchungen unschwer ergänzt werden. Einen diskussionswerten Beitrag gibt GRIMM [4], indem er im Zusammenhang mit systemanalytischen Betrachtungen zur Siedlungsstruktur der DDR qualitativ verschiedenartige Subsysteme auszugliedern versucht, die sich einerseits aus der Sicht der produktiven Funktionen der Siedlungen und andererseits aus ihren sozialen (kulturellen, administrativen u. a.) Aufgaben ergeben. Eine methodologische Begründung für ein solches Vorgehen führt HEINZMANN [14] an, der bei der Erörterung der „territorialen Aspekte des gesellschaftlichen Reproduktionsprozesses" zu der Feststellung kommt, daß es sich „bei den wie auch immer definierten und abgegrenzten Standortsystemen um räumliche Einheiten handelt, in denen sich stets nur Teilprozesse des gesellschaftlichen Reproduktionsprozesses vollziehen. So formieren z. B. die produktiven Prozesse in der Volkswirtschaft andere Standortsysteme als die Reproduktionsprozesse der Arbeitskraft und der Bevölkerung" ([14 S. 6]). Das ist zweifellos richtig.

Die territoriale und innergebietliche Differenzierung der Sphären des Reproduktionsprozesses

Glieder des Reproduktionsprozesses	1. *Gesichtspunkt* Territoriale Differenzierung der vier Sphären des Reproduktionsprozesses der Volkswirtschaft nach Gebieten	2. *Gesichtspunkt* Differenzierung der Wirtschaft eines Gebietes nach den vier Sphären des Reproduktionsprozesses
Produktion	Territoriale Produktionsstruktur der Volkswirtschaft; territoriale Differenzierung des produzierten Nationaleinkommens; Standortverteilung der Produktion des Landes	Innergebietliche Produktionsstruktur, Beitrag aus dem Gebiet zum Nationaleinkommen; (innergebietliches) Standortsystem der Produktion
Distribution	Territoriale Verteilung der personellen, materiellen und finanziellen Fonds, des verwendeten Nationaleinkommens	Innergebietliche Fondsverteilung (z. B. der Grundfonds oder territorialen Ressourcen nach Bereichen)
Zirkulation	Territoriale Verflechtung der Waren- und Geldbeziehungen zwischen den Gebieten	Innergebietliche Verflechtung zwischen den Zweigen und Bereichen
Konsumtion	Territoriale Differenzierung der Konsumtionsstruktur. Territoriale Unterschiede des Lebensniveaus zwischen den Gebieten	Innergebietliche Differenzierung der Konsumtionsstruktur nach Städten, Gemeinden, Bevölkerungsgruppen u. a.

Abb. 3 Die territoriale und innergebietliche Differenzierung der Sphären des Reproduktionsprozesses
Quelle: Bönisch, Mohs und Ostwald, Territorialplanung, Berlin 1976, S. 37

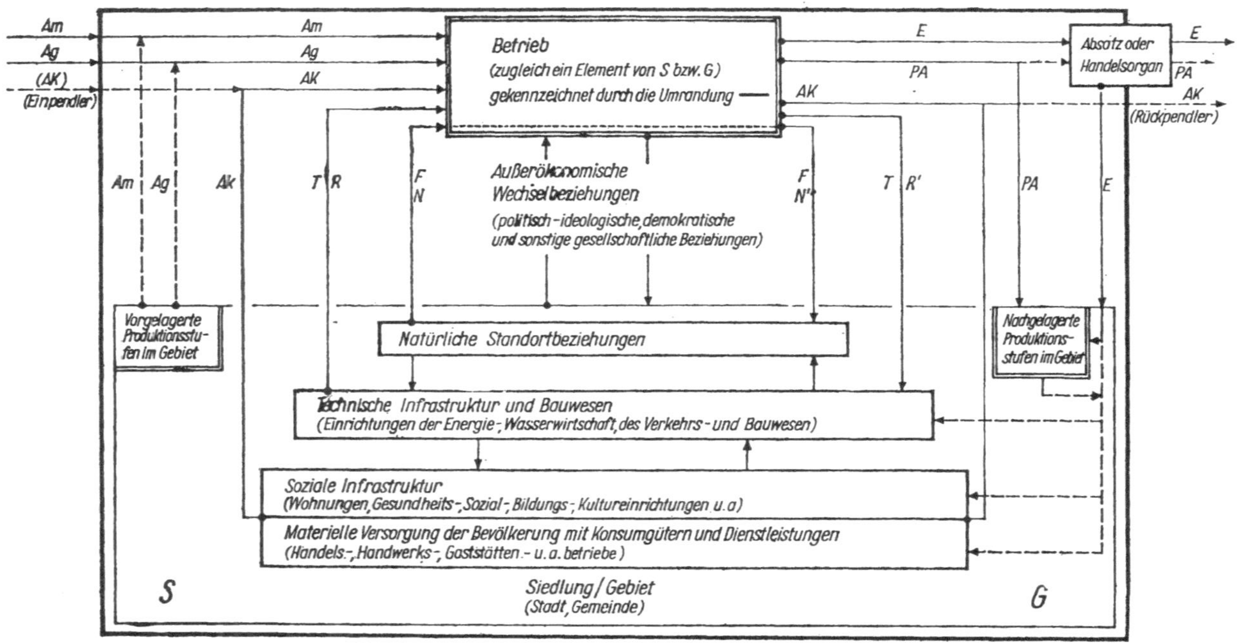

Abb. 4 Reproduktionsbeziehungen zwischen Betrieb und Gebiet bzw. Siedlung
Qelle: Bönisch, Mohs und Ostwald, Territorialplanung, Berlin 1976, S. 24

Diese Erkenntnis muß jedoch im Hinblick auf geographische Fragestellungen mit der ebenfalls aus territorial-*ökonomischer* Sicht formulierten Feststellung verbunden werden, daß „mit der fortschreitenden territorialen Arbeitsteilung und -verbindung sowie durch die objektiven Wechselbeziehungen zwischen Mensch und Umwelt ... sich abgrenzbare, aber miteinander verknüpfte räumliche Komplexe der gesellschaftlichen Reproduktion herausbilden" ([2 S. 33] und Abb. 3). Das Schema der Reproduktionsbeziehungen zwischen Betrieb und Gebiet (vgl. Abb. 4) versinnbildlicht diese Auffassung.

Von hierher ergibt sich eine prinzipielle Kritik zu dem bereits zitierten Versuch von Schultze [51] dem „Wirtschaftsraum" einen „sozialen Reproduktionsraum" gegenüberzustellen. Das, was nur unterschiedliche Aspekte des komplexen Wirtschafts- und Lebensraumes, d. h. des Territoriums, sind, verselbständigt sich auf der Grundlage der Verselbständigung von Teilprozessen des gesellschaftlichen Reproduktionsprozesses. Da Schultze außerdem allein von funktionalen Prinzipien ausgeht, kommt er zwangsläufig zu der Schlußfolgerung, daß eine „relative Geschlossenheit des (ökonomischen, Verf.) Reproduktionsprozesses" nur „innerhalb der nationalen Volkswirtschaftskomplexe" besteht ([51 S. 37]). Das hätte zur Folge, wirtschaftsräumliche Komponenten entweder überhaupt nur in der volkswirtschaftlichen Dimension oder aber innerhalb anderer relativ geschlossener (ökonomischer) Reproduktionszyklen (etwa im Rahmen von Industriekombinaten) zu akzeptieren. Das ist möglich als eine allgemein-ökonomische, volkswirtschaftliche oder als eine zweigökonomische Fragestellung, die territorial-ökonomische und geographische Sachbereiche zwar tangiert, aber nicht zur Begründung *geographischer* Raumkategorien ausreicht.

Territorium und Naturraum

Die ökonomisch-geographische Auffassung des Territoriums als Wirtschafts- und Lebensraum der gesellschaftlich tätigen Menschen kommt der Gegenstandsbestimmung und den Zielstellungen der Territorialplanung in der sozialistischen Gesellschaft in einem weiten Maße entgegen. Demgegenüber finden physisch-geographische Aussagen zur naturräumlichen Ordnung und zur Naturraumgliederung in den verschiedenen territorialen Dimensionen zumindest in der zentralen Ebene der Territorialplanung nur geringes, auf jeden Fall aber nicht das ihnen gebührende Interesse. Das ist nicht zuletzt eine konzeptionelle Frage der Territorialplanung selbst, die bei ihrem bisher betont komponentenbezogenen Ansatz die „Naturbedingungen" im Territorium so gut wie ausschließlich unter dem Ressourcenaspekt sah. Daher haben die neueren Ergebnisse geographischer Forschungen zu Naturraumpotentialen als Grundlage für die Einschätzung und Bewertung von Naturressourcen [9] auch verhältnismäßig schnell Eingang in die territorialplanerische Fachliteratur (vgl. [2]) gefunden. Weitergreifende theoretische Erörterungen, wie sie z. B. Roos [40] zum Problem „Natürliche Umweltbedingungen und volkswirtschaftlicher Reproduktionsprozeß" aufgriff, sind hingegen in der jüngeren gesellschaftswissenschaftlichen Literatur trotz der zahlreichen „Umwelt"-Publikationen selten, soweit man nach Aussagen zu territorialen Aspekten sucht.

Man muß jedoch auch die Frage an die Geographie selbst richten, ob sie mit ihren physisch-geographischen Forschungen vom Inhalt her die Probleme aufgreift und von der Form der Ergebnisformulierung her die Sprache findet, die den Adressaten Territorialplanung voll ansprechen.

Die theoretisch eindrucksvollsten Ergebnisse der Physischen Geographie sind in der DDR in jüngster Zeit vor allem in der modernen Landschaftsforschung der NEEFschen Schule erreicht worden, nicht zuletzt in Verbindung mit dem besonders in der sowjetischen Geographie verbreitetem Konzept der Geosystem-Theorie. Auf ihrer Grundlage wurde eine relativ geschlossene Theorie der topischen und chorologischen Naturraumerkundung entwickelt, die in einer großen Zahl von Publikationen ihren Niederschlag fand (u. a. [33, 37, 15, 8]). Eine Anzahl von Karten im „Atlas Deutsche Demokratische Republik" sind eine spezifische Form ihrer Verallgemeinerung, wobei die komplexe Karte zur naturräumlichen Gliederung der DDR eine besondere Stellung einnimmt (vgl. [1, 39]).

Im Zentrum der physisch-geographischen Arbeiten stehen gegenwärtig Forschungen zu Strukturen und Prozessen im Rahmen der geochorologischen Naturraumerkundung, wobei als Ziel eine Kartierung von Naturraumtypen im Maßstab 1 : 100 000 angestrebt wird [12]. Der Schritt von einer betont kleinräumigen und großmaßstäbigen Betrachtungsweise, wie sie für die vorwiegend topologisch orientierte landschaftsökologische Forschung noch in den 60er Jahren vorherrschte. zur chorologisch, vorwiegend auf mittlere Maßstäbe orientierten Forschung ist ohne Zweifel mit dem Bestreben verbunden, den gewandelten gesellschaftlichen Erfordernissen, wie sie zum Beispiel in der Großflächenwirtschaft der sozialistischen Landwirtschaft zum Ausdruck kommt, besser zu entsprechen. In der Realität ist damit die Vergrößerung des Betrachtungsfeldes von Ar und Hektar auf einige oder mehrere Quadratkilometer verbunden. In der genannten Karte von BARSCH und RICHTER nehmen die ausgegliederten (chorischen) Naturräume überwiegend die Größenordnung zwischen 10 und 100 km^2 ein [39]. Das erscheint als eine für die Territorial- oder Gebietsplanung geeignete Größenordnung zur Einschätzung der Naturraumausstattung von Bezirken oder Kreisen hinsichtlich des Leistungsvermögens der Naturraumpotentiale oder der Belastung und Belastbarkeit in landeskultureller Sicht, bis hin zur „Analyse und Prognose von Nebenwirkungen gesellschaftlicher Aktivitäten im Naturraum" [34].

Theoretisch werden dabei die *Geochoren* betrachtet als „gesetzmäßige Vergesellschaftungen (Aggregierungen, Assoziierungen) topischer Naturraum- bzw. Landschaftseinheiten, die durch eine bestimmte Genese und charakteristische Dynamik gekennzeichnet sind. Sie haben eine spezifische Inhaltsstruktur und eine regelhaft geordnete Arealstruktur ..." [12]. Das gilt für alle taxonomischen Ordnungsstufen der Nano-, Mikro- und Mesochoren.

Vom Prinzip her sind auf diese Weise durch die physisch-geographische Forschung wesentliche Voraussetzungen für die Lösung von grundlegenden ökologischen Problemen gegeben, wie sie mit der komplexen territorialen/gebietlichen Entwicklung verbunden sind, gleichgültig, ob dabei komplexe landeskulturelle Aufgaben ins Blickfeld genommen werden [38, 11] oder im engeren Sinne Landschaftsplanung [43] oder Flächennutzungsfragen [7]. In jedem Fall kommt es jedoch darauf an, den Inhalt der physisch-geographischen Raumkategorien auf die Ebene der sich aus der territorialen Organisation der Gesellschaft ergebenden Anforderungen zu transformieren und von hierher die Bewertungsmaßstäbe für naturräumliche Potentiale und Prozesse sichtbar zu machen. Dazu bedarf es vor allem innerhalb der Geographie eines noch viel engeren Kontaktes zwischen der Physischen und der Ökonomischen Geographie, der zwar oft schon gefordert, aber nur selten konsequent angestrebt oder gar realisiert worden ist.

Geographische Dimensionsstufen

Die mit der taxonomischen Untergliederung der chorischen Naturraumeinheiten verbundene, in der Landschaftsforschung entwickelte Theorie der geographischen Dimensionen [33, 16, 36, 11] ist nicht nur für die Geographie von Bedeutung; ihre allgemeinen Prinzipien müssen auch bei den Zielsetzungen der interdisziplinären Territorialforschung insgesamt sowie bei der Formulierung und Lösung territorial- bzw. gebietsplanerischer Aufgaben Beachtung finden. Das betrifft vor allem die Aussage, daß enge Beziehungen zwischen der Größenordnung des Untersuchungsobjektes und dem definierbaren Erkenntnisziel sowie der anwendbaren Arbeitsmethodik bei raumbezogenen Aufgabenstellungen bestehen.

In der physisch-geographischen Naturraumerkundung wird der topischen und chorischen Dimension eine regionische und schließlich die planetarische Dimension gegenübergestellt. Dabei liegt ein wesentlicher qualitativer Sprung, der zu erheblichen methodischen Konsequenzen führt, zwischen der *chorischen* und der *regionischen* Dimension (vgl. [11]). Während die Bestimmung von Raumeinheiten der chorischen Dimensionen von der Integration topischer Grundeinheiten unter Beachtung *aller* wesentlichen Elemente und Relationen des topischen Inventars ausgeht, erfordert die Bestimmung regionischer Raumeinheiten eine höhere Abstraktionsebene, auf der die mit der Arealvergrößerung einhergehende stärkere innere Heterogenität der Naturräume nach ausgewählten „dominant hervortretenden Eigenschaften“ [10] charakterisiert werden kann. Neben dem induktiven Weg gewinnen bei der Abgrenzung und Charakterisierung regionischer Raumeinheiten deduktive Verfahren an Bedeutung, wobei die geographische Lagequalität zu einem wichtigen Merkmal wird.

Wie in der chorischen Dimension so ist auch in der regionischen Dimension eine Untergliederung in *Dimensionsstufen* angezeigt. Haase [11] schlägt dafür vor:

1. Dimensionsstufe der Megaregionen
2. Dimensionsstufe der Makroregionen
3. Dimensionsstufe der Mesoregionen
4. Dimensionsstufe der Mikroregionen

Er hält im Zusammenhang damit eine Typenbildung nur im Rahmen gleicher Dimensionsstufen für berechtigt und betont, daß sich die Regionen in den oberen Dimensionsstufen zunehmend durch individuelle Eigenschaften auszeichnen, die einer sinnvollen Typisierung entgegenstehen.

Eine analoge, auf gleichen oder ähnlichen Prinzipien aufgebaute Dimensionskonzeption fehlt in der Ökonomischen Geographie bis heute weitgehend. 1968 hat Scholz [47] einen Versuch vorgelegt, der von einer fünfstufigen Hierarchievorstellung ausgeht. Er unterscheidet:

1. Element von Wirtschaftsgebieten
2. Wirtschaftsräumliche Grundeinheit
3. Wirtschaftsgebiet unterer Ordnung
4. Wirtschaftsgebiet mittlerer Ordnung
5. Wirtschaftsgebiet höherer Ordnung

Es ist das ein Versuch, strukturell begründeten Wirtschaftsgebietstypen funktionelle Merkmale zuzuordnen und Hierarchiebeziehungen zu berücksichtigen. Die Elemente von Wirtschaftsgebieten bilden strukturelle Merkmale (Einzelstandorte, Siedlungen *ohne* Umland), als „Wirtschaftsräumliche Grundeinheit" wird ein funktional bestimmter Zentralortbereich unteren Ranges aufgefaßt. Die darauf aufbauenden Wirtschaftsgebiete unterer, mittlerer und höherer Ordnung bilden in der jeweils höheren Einheit eine übergeordnete Menge von unteren Einheiten. Inhalt und Form dieser Systematisierung leiten sich aus den konkreten Größenverhältnissen des Territoriums der DDR her; sie fanden ihren prägnanten Ausdruck in der Bestimmung von wirtschaftsräumlichen Struktureinheiten mittlerer Ordnung in der DDR [17] als einen Diskussionsbeitrag zu der Frage, ob in der Größenordnung zwischen den politisch-administrativen Territorialeinheiten der Bezirke und Kreise objektive (Wirtschafts-) Gebiete existieren, deren Problematik durch die Territorialplanung beachtet werden muß.

Unter diesen Aspekten ist das vorgestellte hierarchische System von Wirtschaftsgebieten nicht direkt mit den taxonomisch begründeten chorischen oder regionischen Dimensionsstufen vergleichbar, und eine Diskussion über Beziehungen zwischen der naturräumlichen und der wirtschaftsräumlichen Gliederung der DDR [56] kann auf diese Weise nicht zu relevanten Aussagen für die Territorialplanung führen. Hier tritt u. E. eine wesentliche Forschungslücke zutage, die zu schließen ein wichtiges Erfordernis ist. Denn, einerseits sollten, wie auch Scholz a. a. O. vermerkt, Naturraumgliederungen und -typisierungen im Endeffekt Aussagen über die Nutzung und Nutzbarkeit von Naturraumpotentialen sowie im weiteren Sinne über die ökologische Belastung und Belastbarkeit in Territorien zulassen, um aus der angestrebten komplexeren Sicht der Territorialplanung auf die dynamische Entwicklung von Gebieten die Auswirkungen der sich mit dem wissenschaftlich-technischen Fortschritt ständig verändernden und verstärkenden Eingriffe der Gesellschaft in die Natur tiefer zu erfassen. Ebenso muß bei der Bestimmung und Abgrenzung von Wirtschafts- und Lebensräumen auch die unterschiedliche Intensität des anthropogenen Einflusses der verschiedenartigen Lebensäußerungen der Menschen auf die Natur (in der Industrie, der Landwirtschaft, dem Erholungswesen usw.), wie sie sich zum Beispiel in den differenzierten Formen der Flächennutzung widerspiegeln, Beachtung finden.

Andererseits setzt die Einbeziehung ökologischer Fragestellungen in die Betrachtung von Wirtschafts- und Lebensräumen der Gesellschaft, die stärkere Integration von physisch- und ökonomisch-geographischen Aussagen, taxonomischen und hierarchischen Ordnungsprinzipien voraus, die ein Inbeziehungsetzen von naturgebundenen und sozial-ökonomisch determinierten Sachgebieten überhaupt erst ermöglichen.

Ansätzen für eine solche stärker komplexe geographische Betrachtungsweise finden sich in der Physischen Geographie unter anderem im Konzept der landeskulturellen Gebietstypen [38]. Sie bieten sich aber auch zum Beispiel im Siedlungssystemkonzept der Ökonomischen Geographie [4, 5, 19].

Zum Begriff der Region in der Geographie

Das Schema (vgl. Abb. 1) verdeutlicht, daß in der Territorialökonomie (in der DDR) der Begriff „Region" synonym für „Gebiet" gebraucht und analog Regionalplanung mit Gebietsplanung gleichgesetzt wird. Wie in nicht wenigen anderen Ländern, so wurde zeitweilig jedoch auch in der DDR das Gesamtanliegen der räumlichen Planung mit Regionalplanung oder regionaler Planung umschrieben.

In der Geographie findet der Begriff der Region als Raumkategorie eine breite Anwendung, wie bereits der Hinweis auf die „regionische" Dimension von Naturräumen in der Physischen Geographie und die Begriffskombination „Stadtregion" in der Ökonomischen Geographie belegen. Darüber hinaus hat der Regionsbegriff jedoch unter verschiedenen Aspekten unterschiedliche generelle Bedeutung, zum Beispiel im Sinne eines allgemeinen Regionalprinzips, im Zusammenhang mit der Regionierung oder Rayonierung räumlicher Strukturen und Prozesse der gesellschaftlichen Reproduktion (vgl. [31]), als komplexbetonte regional-geographische Arbeitsweise usw. Regionierung kann dabei sowohl als Prozeß der Herausbildung von Regionen angesehen werden, wenn sich, zum Beispiel im Zuge der gesellschaftlichen und territorialen Arbeitsteilung relativ geschlossene Wirtschafts- und Lebensräume konstituieren, wie die Stadtregionen oder auch die Ballungsgebiete als Vertreter des Typs der Nodal-(Kern-) Regionen, als auch als Erkenntnisvorgang zur Bestimmung und Abgrenzung solcher objektiv existenter Raumeinheiten.

Der taxonomischen Auffassung des Begriffs der Region, wie er sich in den regionischen Dimensionsstufen der Landschaftsforschung ausdrückt, steht, die in der Geographie verbreitete Betonung der Individualität der Region zur Seite. Diese Position wird auch durch E. Lehmann vertreten, der sich über einen langen Zeitraum hinweg um die Diskussion zum Begriff Region und der Entwicklung der regionalgeographischen Betrachtungsweise Verdienste erworben hat, [20, 21, 22, 23, 24, 25].

Wie für andere Geographen so ist auch bei LEHMANN dem Begriff der Region ein hohes Maß an Komplexität eigen. Aber: „Da ... die Regionen durch eine einmalige, in gleicher Form nicht wiederkehrende, für sie spezifische Vergesellschaftung von Faktoren und Faktorenkomplexen gekennzeichnet sind, sind die als Regionen – seien es ‚Natur'- oder ‚Wirtschaftsräume' – ausgewiesenen Ausschnitte aus dem Territorium als *individuelle Erscheinungen* anzusehen ([24 S. 43]). Was jedoch „keineswegs einer Aufdeckung der verschiedenen Teilsysteme der Natur, Gesellschaft und Wirtschaft im Wege steht, die einerseits durch ihre Vermaschung die Kernpunkte der die Region kennzeichnenden Eigenart und Selbständigkeit bedingen und andererseits sich in weit über die Region hinauswirkende, gesetzmäßige Raumfunktionen fügen" [24]. Diese Betonung der Dialektik von Individuellem und allgemeinen Gesetzmäßigkeiten bei der Entwicklung von Regionen ist ohne Zweifel eine wichtige theoretische Aussage in bezug auf die Erkenntnis von Struktur und Dynamik von Gebieten und der langfristigen Planung ihrer Entwicklung und Gestaltung.

Wir stimmen auch mit LEHMANN [24] in der Auffassung von den Regionen als geographische Raumkategorie überein, die ihrem Wesen nach *gesellschaftsbestimmt* sind und „durch Natur, Wirtschaft, Gesellschaft, Politik und Kultur, d. h. in erster Linie durch den Menschen als schöpferische Dominante geprägte Wirklichkeitsbereiche" darstellen ([24 S. 42]). Aus einer solchen Sicht heraus lassen sich als allgemeine Merkmale der Kategorie „Region" nennen (vgl. [31 S. 26 f.]):

– Die Region stellt als dreidimensionaler Ausschnitt der Erdoberfläche eine Vergesellschaftung mehr oder weniger miteinander verbundener Elemente, Relationen und Prozesse dar.
– Die Region ist als Teil eines größeren Ganzen mit einem Komplex individueller Merkmale ausgestattet, durch die sie sich gegenüber benachbarten Regionen abhebt.
– Die Region wird in ihrem aktuellen Charakter mehr oder weniger stark durch Bedingungen und Prozesse ihrer Entwicklung in der Vergangenheit mitgeprägt.
– Die Region nimmt eine bestimmte hierarchische Stellung innerhalb einer spezifischen taxonomischen Klasse ein.

Schlußfolgerungen

Die Geographie, die sich als ein wesentlicher Gesprächspartner der Territorialplanung versteht und von dieser verstanden wird, entwickelt sich in jüngerer Zeit zunehmend zu einer „Fundamentalwissenschaft, die große dynamische Raumsysteme erforscht", und die die Aufgaben hat „nicht nur höchst verzweigte Komplexe von Entwicklungsprozessen gegebener Systeme und Strukturen zu entziffern, sondern auch eine Prognostik ihrer weiteren Dynamik auf dieser Grundlage zu erarbeiten“ [3]. Damit verbunden ist eine Ökonomisierung, Soziologisierung und Ökologisierung, die die Teildisziplinen der Geographie in unterschiedlichem Maße und mit unterschiedlicher Intensität erfaßt und in ihrer Entwicklung beeinflußt.

Davon wird das Theoriengebäude der Geographie in seiner Gesamtheit berührt und eine schärfere Bestimmung der Grundkategorien herausgefordert. Dieser Vorgang steht in enger Wechselwirkung mit den wachsenden Anforderungen, die die gesellschaftliche Praxis vor allem in den sozialistischen Ländern an die Wissenschaft insgesamt und damit auch an die Geographie stellt. Mit der wachsenden Komplexität der Probleme, die sich aus den Beziehungen der Gesellschaft zur Natur mit dem wissenschaftlich-technischen Fortschritt und der Bedürfnisentwicklung der sozialistischen Gesellschaft ergeben, gewinnen die territorialen Aspekte der gesellschaftlichen Reproduktion ein zunehmendes Gewicht; und entsprechend ist die Geographie aufgerufen, im Rahmen interdisziplinärer Territorialforschung ihren spezifischen Beitrag zu leisten. Das erfordert, bei der Konzipierung und Realisierung der geographischen Forschung und bei der Überführung ihrer Ergebnisse in die gesellschaftliche Praxis sowohl die Sichtung und Nutzung des vorhandenen theoretischen und methodischen Inventars als auch die Entwicklung neuer Ansätze ebenso wie die Herausbildung neuer Kategorien, vor allem in den Grenzgebieten zwischen den Teildisziplinen der Geographie selbst sowie in den Grenzgebieten zwischen der Geographie und nahegelegenen oder zum Teil auch heute noch entfernter scheinenden Nachbardisziplinen.

Zu einem wesentlichen Beitrag in dieser Richtung kann und muß die weitere Präzisierung geographischer Raumkategorien werden. Impulse dafür ergeben sich unter anderem

— aus der vertieften Anwendung der Systemanalyse in der Geosystemforschung, wobei nach Ansicht SAUSCHKINS [42] der Begriff Geosystem nicht allein auf Objekte der Physischen Geographie, sondern auch auf „kompliziertere Objekte dieser oder jener Kombination und Wechselwirkung von Natur, Bevölkerung und Wirtschaft [42 S. 15] angewendet werden sollte;
— aus der intensiven Verknüpfung von wirtschafts- und sozialräumlichen mit ökologischen Betrachtungsweisen, unter Einschluß des von NEEF [33, 34] betonten Transformationsproblems und mit dem erklärten Ziel, das Feld zu umgrenzen, auf dem sich „der physisch-geographische Komplex und der ökonomisch-geographische Komplex berühren, durchdringen und verzahnen und Impulse austauschen, die territorialen Ausdruck finden“ ([41 S. 20]):
— aus dem weiteren Ausbau der Theorie der geographischen Dimensionsstufen als eine wichtige Voraussetzung für den Vergleich wirtschafts- und sozialräumlicher mit naturräumlichen Kategorien zum Zwecke der Aufdeckung und Bestimmung von territorial-relevanten „Beziehungen zwischen Produktion und Lebensbedingungen, Produktion und Naturhaushalt, Lebensbedingungen und Naturhaushalt sowie die Ausarbeitung von Instrumentarien und Methoden für die planungs-praktische Beherrschung dieser Beziehungen“ ([7 S. 15]).

Literatur

[1] BARSCH, H. und H. RICHTER: Naturraumtypen in der Deutschen Demokratischen Republik. Ztschr. f. d. Erdkundeunterricht, Jg. 1974, H. 12.

[2] BÖNISCH, R., MOHS, G. und W. OSTWALD (Hrsg.): Territorialplanung, Berlin 1976.

[3] GOCHMAN, W.: Theoretische Geographie. Gesellschafts-Wissenschaft, Moskau, Jg. 1976, H. 2 (deutschspr. Ausg.).

[4] GRIMM, F.: Zur Stellung der Städte der DDR im Siedlungssystem nach ihren Innen-, Umland- und Fernfunktionen. Sitz. Ber. d. Ak. d. Wiss. d. DDR, Jg. 1977, Nr. 19 N.

[5] GRIMM, F: The Settlement System of the German Democratic Republic. Leipzig 1979.

[6] GÖRMAR, W., LINDENAU, G. und W. OSTWALD: Orientierungen für die Forschungen zur Standortverteilung der Produktivkräfte. Inform. d. Forsch.-Leitstelle f. Territorialplanung, Jg. 1979, H. 1.

[7] HAASE, G. und H. LÜDEMANN: Flächennutzung und Territorialforschung. Geogr. Ber. **62**, Jg. 1972, H. 1.

[8] HAASE, G.: Die Arealstruktur chorischer Naturräume. Petermanns Geogr. Mitt., **120**, Jg. 1976, H. 2.

[9] HAASE, G.: Zur Ableitung und Kennzeichnung von Naturpotentialen. Petermanns Geogr. Mitt., **122**, Jg. 1978 (a), H. 2.

[10] HAASE, G.: Struktur und Gliederung der Pedosphäre in der regionischen Dimension. Beiträge zur Geographie, Bd. 29, Suppl.-Bd., Berlin 1978 (c).

[11] HAASE, G.: Ökologisch-geographische Grundlagen für die Planung und Durchführung landeskultureller Maßnahmen. Technik und Umweltschutz, 19, Leipzig 1978 (b).

[12] HAASE, G.: Entwicklungstendenzen in der geotopologischen und geochorologischen Naturraumerkundung. Petermanns Geogr. Mitt., **123**, Jg. 1979, H. 1.

[13] HAGER, K.: Der IX. Parteitag und die Gesellschaftswissenschaften. Berlin 1976.

[14] HEINZMANN, J.: Territoriale Aspekte des gesellschaftlichen Reproduktionsprozesses. Wiss. Mitt. d. Inst. f. Geogr. u. Geoökol., Nr. 1, Leipzig 1979.

[15] HERZ, K: Physiotopgefüge und Landnutzung. Petermanns Geogr. Mitt., **113**, Jg. 1969, H. 1.

[16] HERZ, K.: Beitrag zur Theorie der landschaftsanalytischen Maßstabsbereiche. Petermanns Geogr. Mitt., **117**, Jg. 1973, H. 2.

[17] v. KÄNEL, A. und D. SCHOLZ: Wirtschaftsräumliche Struktureinheiten mittlerer Ordnung in der DDR. Petermanns Geogr. Mitt., **113**, Jg. 1969, H. 3.

[18] KOHL, H. und A. ZIMM: Die Ballungsproblematik der DDR aus theoretischer Sicht. Wiss. Ztschr. d. Humbolt-Universität zu Berlin, Math.-Nat. R. 1975, H. 1.

[19] KRÖNERT, R.: Stadt-Umland-Regionen von Groß- und Mittelstädten der DDR. Geogr. Ber., **84**, Jg. 1977, H. 2.

[20] LEHMANN, E.: Der soziogeographische Faktor in der landeskundlichen Darstellung Sachsens. Wiss. Veröff. d. Dt. Inst. f. Länderkunde, NF Bd. 11, Leipzig 1952.

[21] LEHMANN, E.: Bemerkungen zur regionalgeographischen Problematik. Wiss. Veröff. d. Dt. Inst. f. Länderkunde, NF Bd. 23/24, Leipzig 1966.

[22] LEHMANN, E.: Zur Frage der regionalen Systematik. Wiss. Ztschr. d. Karl-Marx-Universität Leipzig, Math.-Nat. R. 15, 1966.

[23] LEHMANN, E.: Regionale Geographie und naturräumliche Gliederung. Wiss. Abh. d. Geogr. Ges. d. DDR, Bd. 5, 1967.

[24] Lehmann, E.: Zur theoretischen Grundlegung des Begriffes Region. Geogr. Ber. **66**, Jg. 1973, H. 1.

[25] Lehmann, E.: Vorwort zum „Atlas Deutsche Demokratische Republik“, Gotha/Leipzig 1977.

[26] Lüdemann, H.: Forschungsstrategische Probleme der Geographie in der Deutschen Demokratischen Republik. Diss. (B), Leipzig 1979.

[27] Menge, W.: Strukturtypen der Wirtschaftsgebiete. Lehrbrief 4, Territorialökonomie und -planung. Hochsch. f. Ökonomie, Berlin 1972.

[28] Mohs, G.: Das Ballungsproblem beim Aufbau des Sozialismus. Wiss. Ztschr. d. Karl-Marx-Universität Leipzig, **13** (1964), Math.-Nat. Reihe, H. 3.

[29] Mohs, G.: Wesen, Erfordernisse und volkswirtschaftliche Möglichkeiten der Agglomerationsprozesse. Inform. d. Forsch.-Leitstelle f. Territorialplanung, Jg. 1979, H. 2.

[30] Mohs, G., Schmidt, H. und D. Scholz: Die territoriale Konzentration als Problem und Aufgabe der territorialen Strukturforschung. Wiss. Abh. d. Geogr. Ges. d. DDR, Bd. **9**, Gotha/Leipzig 1972.

[31] Mohs, G. und D. Scholz: Der Wirtschaftsraum — Grundlagen seiner Analyse und Typologie. Potsdam 1978.

[32] Morgenstern, A., Röseler, B. und K. Scherf: Zur Siedlungsstruktur. Inform. d. Forsch.-Leitstelle f. Territorialplanung, Jg. 1979, H. 1.

[33] Neef, E.: Die theoretischen Grundlagen der Landschaftslehre. Gotha/Leipzig 1967.

[34] Neef, E.: Analyse und Prognose von Nebenwirkungen gesellschaftlicher Aktivitäten im Naturraum.
Abh. d. Sächs. Akad. d. Wiss. zu Leipzig, Math.-Nat.-wiss. Klasse, Bd. 54, 1979, H. 1.

[35] Neumann, H. und R. Krönert: Zur Konzeption der Sozialgeographie. Geogr. Berichte **94**, Jg. 1980, H. 1.

[36] Richter, H.: Naturräumliche Ordnung. Wiss. Abh. d. Geogr. Ges. d. DDR, Bd. 5, 1967.

[37] Richter, H: Naturräumliche Strukturmodelle. Petermanns Geogr. Mitt., **112**, Jg. 1968, H. 1.

[38] Richter, H.: Landeskultur und Territorialprognose. Kühn-Archiv, Bd. **85** Jg. 1971, H. 2.

[39] Richter, H.: Eine naturräumliche Gliederung der DDR auf der Grundlage von Naturraumtypen. Beiträge zur Geographie, Bd. **29**, Berlin 1978.

[40] Roos, H.: Natürliche Umweltbedingungen und volkswirtschaftlicher Reproduktionsprozeß. Geogr. Ber. **80**, Jg. 1976, H. 3.

[41] Sanke, H.: Entwicklung und gegenwärtige Probleme der politischen und ökonomischen Geographie in der Deutschen Demokratischen Republik. Sitzungsberichte der Deutschen Akademie der Wissenschaften, Klasse f. Phil., Gesch., Staats-, Rechts- u. Wirtsch.-Wiss., Jg. 1962, Nr. 4.

[42] Sauschkin, J. G.: Studien zur Geschichte und Methodologie der geographischen Wissenschaft. Gotha/Leipzig 1978.

[43] Scherf, K.: Landschaftsplanung aus der Sicht der Territorialplanung und Territorialforschung. Wiss. Abh. d. Geogr. Ges. d. DDR, Bd. **14**, Gotha/Leipzig 1977.

[44] Scherf, K. und L. Schilde: Funktionale Kreistypen der DDR — eine Methode der statistisch-kartographischen Gebietstypisierung. Petermanns Geogr. Mitt., **112**, Jg. 1968, H. 1.

[45] Schmidt-Renner, G.: Zur sozialistischen Ökologie des Menschen in Siedlungen. Petermanns Geogr. Mitt., **116**, Jg. 1972, H. 3.

[46] Schmidt-Renner, G.: Zur territorialen Existenz- und Bewegungsform der gesellschaftlichen Reproduktion. Petermanns Geogr. Mitt., **117**, Jg. 1973, H. 4.

[47] Scholz, D.: Zur Methodik der wirtschaftsräumlichen Gliederung der DDR. Petermanns Geogr. Mitt., **112**, Jg. 1968, H. 1.

[48] Scholz, D.: Die wirtschaftsräumliche Struktur der DDR. Geogr. Ber. **59**, Jg. 1971, H. 2.

[49] Scholz, D.: Zur Terminologie des Begriffs Ballungsgebiet. Petermanns Geogr. Mitt., **116**, Jg. 1972, H. 1.

[50] Scholz, D.: Bemerkungen zu den Beziehungen zwischen der naturräumlichen und der wirtschaftsräumlichen Gliederung in der DDR. Petermanns Geogr. Mitt., **119**, Jg. 1975, H. 1.

[51] Schulze, E.: Der Wirtschafts- und Lebensraum der Gesellschaft. Wiss. Ztschr. d. Päd. Hochsch. Dresden, 4. Jg. 1978, Beiheft 1.

[52] Zimm, A.: Zu einigen Tendenzen der Bevölkerungsverteilung und der Naherholung in aggregierten Gebieten. Sitz. Ber. d. Ak. d. Wiss. d. DDR. Jg. 1977, Nr. 19 N.

Rudi Ogrissek

Prinzipien und Möglichkeiten der Anwendung von Modellklassifikationen bei kartographischen Darstellungsformen und kartographische Terminologie

Zum Modellbegriff in der Kartographie

Erst seit rund einundeinhalb Jahrzehnten beginnt sich in der Kartographie zunehmend die Erkenntnis durchzusetzen, daß Karten Modelle [4, 5] darstellen, obwohl der Prozeß der kartographischen Modellierung ebenso alt ist wie die Kartographie selbst. Und die frühen kartographischen Darstellungen, die bis in die heutige Zeit erhalten geblieben sind[1], stammen immerhin aus dem dritten und zweiten Jahrtausend vor unserer Zeitrechnung [40]; nicht erhalten gebliebene Vorläufer sind sicher noch weiter zurückzudatieren [5].

Über die Merkmale kartographischer Modelle (Karten und kartenverwandte Darstellungsformen), die für eine kartographische Modellklassifikation sinnvoll anwendbar sind, herrscht ebenso wie über die Zuordnung der entsprechenden kartographischen Darstellungsformen noch wenig Klarheit, wie die zahlreich divergierenden Begriffsanwendungen anschaulich zeigen [12, 52][2].

Die herausragende Bedeutung der kartographischen Modellierung [2] als Aufgabe der Kartographie geht überzeugend aus den von berufenem Munde [39] genannten „*Hauptziel der sowjetischen wissenschaftlichen Kartographie*" hervor: „*Wiedergabe und Untersuchung räumlicher Systeme durch deren kartographische Modellierung*".

Seit der Entwicklung der Raumfahrt hat sich zudem die kartographisch zu modellierende Wirklichkeit merklich erweitert; sie reicht über unseren Planeten Erde hinaus und umfaßt bekanntlich außer der vollständigen Oberfläche des Erdmondes und dessen thematische Kartierung [53] nun auch weitere Planeten.[3]

[1] Hierzu zählen beispielsweise die Felsinschriften aus der Bronzezeit im Tal von Camónica in Norditalien, auf denen deutlich erkennbar bestellte Felder, Pfade, Bäche und Bewässerungskanäle abgebildet sind [9].

[2] Andererseits liegt auch bereits ein Versuch zur Anwendung der Modellmethode bei der Legendengestaltung für die anerkannt zumeist relativ komplizierten sozialökonomischen Karten vor [56].

[3] Es existiert nunmehr seit mehreren Jahren ein „Taschenatlas der erdnächsten Himmelskörper Mond (Erdmond, O.), Mars, Venus". Text u. Ill. von A. Rükl, Artia, Praha 1977, 256 S.

Das zieht auch Schlußfolgerungen bezüglich der Definition des Gegenstandes der Kartographie nach sich, worauf später noch einzugehen ist.

Ausgangspunkt der folgenden Darlegungen ist die nachstehende Definition des Modellbegriffs nach KLAUS und BUHR [17]: „Ein Modell ist ein Objekt, das auf der Grundlage einer Struktur-, Funktions- oder Verhaltensanalogie zu einem entsprechenden Original von einem Subjekt eingesetzt und genutzt wird, um eine bestimmte Aufgabe lösen zu können, deren Durchführung mittels direkter Operationen am Original zunächst oder überhaupt nicht möglich bzw. unter gegebenen Bedingungen zu aufwendig ist. Die Funktion des Modells ergibt sich im Rahmen eines aus Subjekt, Original und Modell bestehenden, also in seinen inneren Relationen dreistelligen Modellsystems in Abhängigkeit von der gegebenen Zielstellung des Subjekts“. Zufolge dieser Definition bedarf es keiner weiteren Darlegungen, daß Karten wie kartenverwandte Darstellungen Modelle sind.[4]

In dieser dreistelligen Relation des Modellbegriffes entspricht in der Kartographie der Kartennutzer dem Subjekt, das Kenntnisse über das Objekt gewinnen will.[5] Formal-logisch gesehen, stellt sich diese dreistellige Relation als

$$R_M (M, S, O)$$

dar, wobei M das Modell, S ein kybernetisches System, für das M das Modell darstellt, und O das Objekt ist, von dem M ein Modell ist (dabei wird O auch Modelloriginal und S auch Modellsubjekt genannt).

Im Zusammenhang mit der wissenschaftlich-technischen Revolution [28] wird gegenwärtig im Rahmen einer sich weiter konstituierenden Theoretischen Kartographie [21] der kartographischen Informationsübertragung – unter dem Begriff der kartographischen Kommunikation erfaßt – in der Kartographie weltweit [20, 25, 36, 22, 42, 43] ebenso wie der Modellgestaltung, vor allem der Kartensprache [32, 33], sehr viel Aufmerksamkeit gewidmet. Dabei kommt der Gewinnung neuer Erkenntnisse über den kartographisch modellierten Teil der Wirklichkeit durch den Kartennutzer größte Bedeutung zu, wie insbesondere und vollauf berechtigt von führenden Vertretern der sowjetischen Kartographie immer wieder betont wird [43]. Es sei nochmals nachdrücklich unterstrichen, daß die Effektivität der kartographischen Kommunikation auch maßgeblich von der Qualität des kartographischen Modells abhängig ist.

Kartographische Darstellungsformen und Klassifizierungsmerkmale für Modelle

Entsprechend dem Kenntnisstand über unser Planetensystem genügte in der Mitte der 60er Jahre unseres Jahrhunderts noch die nachstehende Definition der

[4] Vgl. auch Abb. 1 „Strukturmodell der Thematischen Karte“

[5] Bei der kartographischen Modellierung ist der Modellierer nur selten mit dem Subjekt identisch. Daraus resultiert u. a. die große Bedeutung der Kommunikationsfunktion der Karten.

Karte, die ausschließlich von der Erde als Modelloriginal ausgeht: „Karten sind verkleinerte, verallgemeinerte, mathematisch bestimmte Abbildungen der Erdoberfläche in der Ebene, welche die Verteilung, den Zustand und die Zusammenhänge der verschiedenen natürlichen und gesellschaftlichen Erscheinungen zeigen, die entsprechend dem Zweck jeder Karte ausgewählt und charakterisiert werden“ [37]. Es bedarf sicher keiner besonderen Begründung, daß bereits in dieser Definition der Karte wesentliche Merkmale der vorstehend zitierten Modelldefinition enthalten sind bzw. sichtbar werden. Eine Korrektur ist hinsichtlich der Begriffsextension unerläßlich, weil in der Zwischenzeit die vollständige und teilweise thematische kartographische Darstellung des Erdmondes, des Mars und der Venus zu Aufgaben der Kartographie geworden sind. Daher sei folgende modifizierte *Definition* vorgeschlagen: Karten sind verkleinerte, verallgemeinerte, mathematisch bestimmte Abbildungen der Erde oder eines anderen Himmelskörpers in die Ebene (Modelle), welche die Verteilung, den Zustand und die Zusammenhänge der verschiedenen natürlichen und bei der Erde auch der gesellschaftlichen Erscheinungen zeigen, die entsprechend dem Zweck jeder Karte ausgewählt und charakterisiert werden.

Von den Karten im strengen Sinne lassen sich die kartenverwandten Darstellungsformen dadurch unterscheiden, daß ihnen manche Merkmale der Karten fehlen. So sind z. B. Globen und Reliefmodelle Abbildungen *dreidimensionalen* Charakters oder perspektivische Karten sind *nicht* immer mathematisch bestimmte Abbildungen der Erdoberfläche.

Wesentlich auch für eine *kartographische* Modellklassifizierung ist nicht zuletzt die Frage nach den für eine solche Aufgabenstellung als gültig anzusehenden kartographischen *Modellierungsprinzipien,* die wie folgt beantwortet sei (vgl. Abb. 1):

- Anwendung bestimmter mathematischer Regeln, die durch Kartennetzentwurf bzw. Kartenprojektion und Maßstab bzw. mathematisch-logischen Aufbau des kartographischen Modells überhaupt ausgedrückt werden;
- Anwendung von Verfahren der wissenschaftlichen Verallgemeinerung und Abstraktion, bei den methodisch-theoretischen Grundlagen der kartographischen Generalisierung, die den mathematischen und graphischen [41] sowie den begrifflichen Bereich [27] betreffen;
- Anwendung spezieller Systeme von Zeichen – als Kartenzeichen oder kartographische Signaturen bezeichnet [38] –, die sinnvoll heute auch unter systemtheoretischen [29] Aspekten und semiotischen Aspekten [30] zu betrachten sind.

Ausgehend von der allgemeinen Grundbestimmung des Modells und seiner Funktion im Modellsystem sind folgende Klassifizierungsmerkmale [54] für Karten bzw. kartographische Darstellungsformen als Modelle der Wirklichkeit zu beachten:

1. Substratqualität
2. Analogieinhalt

3. Erkenntnistheoretische Konstellation
4. Modellfunktion

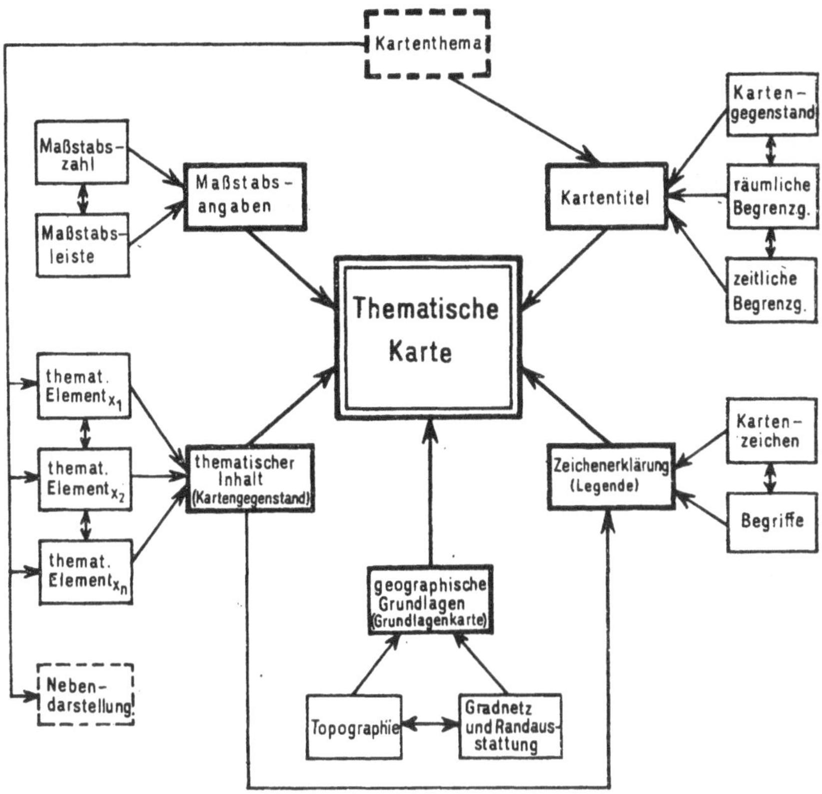

Abb. 1 Strukturmodell der Thematischen Karte

Dabei wird vom Einfachen zum Komplizierten, vom Elementaren zum Komplexen geschritten; wobei vor allem für unser Anliegen bedeutsam ist, daß die Modellfunktion das wichtigste Merkmal darstellt.

Bezüglich des *Modellsubstrats* sei im vorliegenden Zusammenhang die Feststellung für ausreichend erachtet, daß es sich hier vor allem um Zeichenmodelle handelt – weil Karten den Hauptanteil unter den kartographischen Darstellungsformen stellen – und keine Identität von Modellsubstrat und Originalsubstrat vorliegt. Aber auch technisch-künstlerische Modelle können z. B. unter den kartographischen Darstellungsformen auftreten. Es sei hier nur an die dreidimensionalen Geländemodelle bzw. Dioramen erinnert, die bekanntlich einen unterschiedlichen Grad der Genauigkeit in der Wiedergabe des Originals besitzen, und zwar je nach der wissenschaftlichen Durchdringung der angewandten Darstellungsprinzipien. Hier ist darauf hinzuweisen, daß seit mehr als einundeinhalb Jahrzehnten eine umfassende Erörterung der Systematik und der exakten Lösungsmöglichkeiten dieser Problematik vorliegt [15].

Von grundlegender Bedeutung für unsere Aufgabenstellung ist die Unterscheidung nach dem *Inhalt der Analogie* zum Original. Danach lassen sich Struktur-, Funktions-, Verhaltensmodelle und Prozeßmodelle unterscheiden.

Von nicht geringerer Bedeutung, insbesondere bei Modellen, die der Erkenntnis dienen – und dazu zählt unzweifelhaft ein großer Teil der Karten – ist die Konstellation von Subjekt, Original und Modell hinsichtlich der *Objekt-Subjekt-Beziehung* (objektive Realität und Widerspiegelung im Bewußtsein). Bei einem realen Modell, wie der Karte, ist vor allem die erkenntnistheoretische Konstellation bei der Entscheidungsfindung, beispielsweise bei Planungsprozessen unterschiedlichster Dimension und Spezifik im Hinblick auf das Wahrheitskriterium, die Praxis, höchst bedeutsam. Bestimmte Arten von Planungskarten kann man daher mit Fug und Recht als Entscheidungsmodelle klassifizieren, worauf noch zu sprechen zu kommen ist.

Die entscheidende Stufe der Klassifizierung der Modelle ist die nach der Modellfunktion, d. h. nach der Funktion, die das Modellsystem als Ganzes hat und die das Subjekt mit Hilfe des Modells zu realisieren beabsichtigt [54].

Kartographische Modellfunktionen als Grundlage der Modellklassifizierung

Im Rahmen der vorstehend genannten vier Haupttypen geht es vor allem um folgende Modellfunktionen, die kartographisch wie folgt in Erscheinung treten:

1. Erkenntnis

Neue Informationen über das Original sind gesucht.

Das Studium des Modells Karte oder einer kartenverwandten Darstellungsform liefert z. B. neue Erkenntnisse über das Original „geographische Realität", aus denen durch Analogieschluß hypothetisch auf entsprechende Eigenschaften (oder Zustände) des Originals geschlossen wird. Damit eng verbunden ist die Aufgabe, durch Konstruktion des Modells Hypothesen über das Original zu formulieren bzw. am Modell zu explizieren oder am Modell Einzelerkenntnisse über das Original zusammenhängend zu deuten und sie in einen neuen inneren Zusammenhang zu bringen.

Wichtig erscheint in diesem Zusammenhang folgende Überlegung. Die Theorien über dynamische Systeme erlauben es, auch grundlegende Aspekte dialektischer Systemzusammenhänge und -prozesse bei Systemen aus den *verschiedenen* Bereichen der Realität zu beschreiben [54]. Dies ist für die kartographische Modellierung in *der* Hinsicht äußerst von Belang, als beispielsweise bei der Schaffung der zunehmend an Bedeutung gewinnenden Umweltkarten [24] natürliche *und* gesellschaftlich determinierte Systeme zu kombinieren sind, weil diese sich auch im Original, der „geographischen Realität", also räumlich und teilweise auch zeitlich überlagern.

Derartige Zusammenhänge treten bei richtiger, d. h. konsequent zweckbestimmter Auswahl der inhaltlichen (zumeist thematischen) Elemente, optimalem Einsatz der kartengestaltenden Darstellungsmittel und ensprechender Abstimmung mit Grundlagenkarten-Elementen oft erstmalig in dem Modell Karte überhaupt in Erscheinung. Hier liegen die großen, unbestreitbaren Vorzüge der Karte, die es maximal zu nutzen gilt. Die Gewinnung neuer Erkenntnisse über die in den Karten modellierte geographische Realität setzt also eine hohe Modellqualität voraus. Künftig sind hier sicher noch bedeutsame neue Erkenntnisse bei der Anwendung der Systemtheorie [18] zu erwarten. Erste Ansätze sind höchst anerkennenswert [9] und bedürfen dringend der Weiterverfolgung [29]. Der Erfolg kartographischer Systemforschung wird dabei nicht in unwesentlichem Maße von der Anwendung der Systemtheorie in der geographischen Forschung abhängen. Aber auch die Fähigkeiten des Kartennutzers spielen in diesem Prozeß eine entscheidende Rolle. Hier sind sicher seitens der Kartographie noch wesentliche Aktivitäten erforderlich, um durch entsprechende Aus- und Weiterbildungsmaßnahmen einen auf der Höhe der Aufgaben stehenden Kreis von Kartennutzern heranzubilden.

Das vom Subjekt Kartograph, teilweise – wie häufig bei thematischen Karten – in Kooperation mit einem Fachexperten für das betreffende Sachgebiet (z. B. Demographen) oder die betreffende Wissenschaftsdisziplin (z. B. Bodenkunde) geschaffene Modell „Thematische Karte" erfüllt dann und deshalb eine Erkenntnisfunktion, wenn und weil es objektiv immanent solche Informationen enthält, die über die bekannten, zu seiner Projektierung und Herstellung notwendigen Ausgangsinformationen – als kartographisches Ausgangsmaterial bezeichnet, das nicht ausschließlich Kartencharakter tragen muß – hinausgehen.

Man kann heute in der Kartographie die Erkenntnis als allgemeingültig ansehen, daß es zwischen der klassischen (nachrichtentechnischen) Informationsübertragung und der kartographischen einen bemerkenswerten Unterschied im Hinblick auf die Informationsmenge gibt. Während die erstere durch einen Informationsverlust gekennzeichnet ist, tritt in der kartographischen Informationsübertragung in der Regel ein Informationszuwachs ein, der durch die sogenannten indirekten Informationen bewirkt wird [42]. Dieser entsteht in erster Linie durch das Sichtbarwerden von Lagebeziehungen, von Verteilungen bzw. Konzentrationen usw. Selbstverständlich treten im kartographischen Kommunikationsprozeß auch Verluste ein [34], worauf hier nicht weiter eingegangen wird.

2. Erklärung und Demonstration

Gesucht sind Hilfsinformationen, die das Verständnis für im Prinzip bekannte, nicht absolut neue Erkenntnisse über das Original erleichtern bzw. ermöglichen [54].

Dies geschieht, indem im Modell solche nicht erklärten Informationen über das Original in anderer Form bzw. anderem Rahmen, unter Verwendung bereits bekannter Erscheinungen „umcodiert" werden. Zweifelsohne handelt es sich hier um *die* Modellfunktion, die vorrangig von Agitations- und Propagandakarten erfüllt wird. Die andere Form, der andere Rahmen manifestiert sich dabei zumeist in der Verwendung populärwissenschaftlicher Begriffe und der Anwendung bildhafter Kartenzeichen sowie eines graphisch-plakathaften „Stils“ bei der Kartengestaltung überhaupt.

Sicher wird die vorgenannte Modellfunktion in bestimmtem Umfange auch von Lehrkarten erfüllt.

3. Indikation

Am Modell werden Eigenschaften des Originals sichtbar oder meßbar gemacht, die am Original selbst nicht zugänglich [54] oder nur schwer zugänglich sind. Es handelt sich also um eine spezifische Art der Erkenntnisgewinnung.

Zahlreiche thematische Karten erfüllen diese Modellfunktion in hervorragender Weise. Als Beispiel seien nachstehende für ausreichend erachtet. Generell gilt die Feststellung wohl für alle Geschichskarten, die bekanntlich zu einem wesentlichen Teil auf der Rekonstruktion des Originals „historische Realität“ beruhen. Dabei ist es unwesentlich, ob es sich um administrative Strukturen, ökonomische oder soziale handelt. Hierher gehören z. B. aber ebenso ein bedeutender Teil der geophysikalischen Karten und auch alle thematischen Karten, die Bevölkerungsstrukturen abbilden.

Eine besondere Situation herrscht bei den topographischen Karten für militärische Zwecke, wo die Erlangung von Informationen über aus naheliegenden Gründen unzugängliche bzw. nicht einsehbare Geländestücke entscheidend für die Entschlußfassung des Kommandeurs bei Kampfhandlungen sein kann. Es sei nicht unerwähnt gelassen, daß dabei auch die Aktualität des Modells „topographische Karte“ sehr wesentlich ist.

Die vorstehend postulierte Meßbarkeit von Eigenschaften des Originals am Modell Karte spielt in der Kartographie schon seit langem eine wesentliche Rolle, und bekanntlich hat dieses Anliegen schließlich zu einer eigenen Teildisziplin, der Kartometrie, geführt.[6] Die Bedeutung der Meßbarkeit von Eigenschaften des Originals am Modell Karte ist zudem seit der Einführung der elektronischen Rechentechnik noch erheblich gestiegen. Und nicht zuletzt ist auch der Aufbau kartographischer Datenbanken in den gleichen Zusammenhang zu stellen.

4. Variation und Optimierung

Das Modell soll die Möglichkeit schaffen, durch gezielte Operationen bei gegebener Prinziplösung bzw. Struktur und Funktion von Original und Modell eine qantitative Optimierung des Originals durch schrittweise Annäherung – wie mit Hilfe der Versuch-Irrtum-Methode am Modell – zu erlauben [54]. Dabei handelt es sich offensichtlich um Experimental- und um Entscheidungsmodelle.

Variation und Optimierung im vorgeschriebenen Sinne sind Hauptaufgaben der

[6] In der Sowjetunion ist im übrigen ein solcher Stand erreicht, daß seit nahezu dreißig Jahren eine Monographie zu dem Gegenstand von dem bekannten Kartographen N. M. Wolkow vorliegt.

Prognosekarten. Zu beachten ist allerdings, daß der Begriff der gegebenen Prinziplösung nicht zu eng gefaßt werden darf. Auch muß die quantitative Optimierung des Originals nicht unbedingt durch die Versuch-Irrtum-Methode erfolgen bzw. können beim gegenwärtigen Stand der kartographischen Forschung darüber noch keine gültigen Aussagen gemacht werden.

5. Verifikation

Eine vorhandene Hypothese ... soll am verkleinerten Modell überprüft werden [54].

Auf diesem Gebiet der Modellfunktion existieren bisher kartographisch nur wenig Erfahrungen; aber sicher liegen hier noch ungenutzte Möglichkeiten des Einsatzes der Modellmethode für die Kartographie. Die sich in der Entwicklung befindliche maschinen- (und menschen-) lesbare Karte [45] wird der vorstehend angeführten Modellfunktion vermutlich neue, hocheffektive Einsatzgebiete erschließen. Kompliziert dürfte allerdings die Situation dadurch noch zusätzlich werden, daß ein nicht unwesentlicher Teil der zitierten Hypothesen ebenfalls mittels Karten und damit anhand von Modellen gewonnen wird.

6. Projektierung (Konstruktion)

Mittels eines Zeichenmodells oder einer künstlich-technischen Reproduktion einer Idee oder Vorstellung soll eine zweckmäßige, rationelle, realisierbare Variante eines zu erarbeitenden oder zu produzierenden Objektes (Originals) ausgearbeitet werden. Wesentliche Quelle dieser Funktion des Modells ist der Arbeitsprozeß, dessen Zweckmäßigkeit und Planmäßigkeit von einem ideellen Modell des zu schaffenden Produkts ausgeht [54].

Zweifelsohne handelt es sich hier zum einen um den Bereich der großmaßstäbigen Pläne für Bebauungszwecke und ähnliches. Zum anderen wird die genannte Modellfunktion von allen groß- und mittelmaßstäbigen thematischen Karten, die die definitiv geplante Umwelt zum Gegenstand haben, erfüllt.

7. Steuerung

Diese Funktion liegt einer großen Klasse von Modellen zugrunde, deren Informationsinhalt dem Subjekt als Führungsgröße bei der zielorientierten Produktion bzw. Realisierung eines entsprechenden Originals dient.

Hierzu gehören auch die Lernmodelle, d. h. die nach Abschluß der Lernphase als inneres Modell der Außenwelt im lernenden System vorhandenen, systematisch geordneten und gespeicherten Informationen über die Außenwelt. Sie dienen dem Subjekt zur Orientierung seines Verhaltens gegenüber der Außenwelt. Hier liegt ein wesentlicher Ansatzpunkt des Modellbegriffs auf die Erklärung der Funktion des ideellen Abbildes der Außenwelt bei der inneren Steuerung von Verhaltensweisen. Jedoch kann ein für das Subjekt als kybernetisches System funktionell „inneres“ Modell erkenntnistheoretisch auch außerhalb des Subjekts selbst liegen [54].

Als kartographische Beispiele seien hier eine Topographische Karte mit entsprechenden Lageinformationen für militärische Zwecke oder ein aufgebautes Sandkastenmodell angeführt, die ein äußeres Objekt der Modellerkenntnis darstellen. Für den betreffenden Stab als Ganzes bilden sie aber ein inneres Modell gegenüber den äußeren zu leitenden Handlungen (Prozesse). Vorrangig handelt es sich hierbei zweifellos um Entscheidungsmodelle. Auch die für die Leitung der Volkswirtschaft hergestellten thematischen Karten gehören zu dieser Modellklasse.

8. Kartographisch ohne Bedeutung ist jene Gruppe von Modellen, *die eine funktionelle, auch stofflich-energetisch direkt wirksame materielle Ersatzfunktion* leisten, indem sie andere Teilsysteme direkt vertreten (z. B. künstliche Organe des Menschen)

In der wissenschaftlichen Forschung und in der gesellschaftlichen Praxis gewinnt die Verwendung von kartographischen Darstellungsformen zunehmend an Bedeutung [40] und zwar in dem Maße, wie als Erkenntnis- bzw. Steuerungsobjekte vorwiegend hochkomplexe Systeme zu beherrschen sind und eine Objektivierung gesellschaftlicher Verhaltensweisen im Entscheidungsprozeß notwendig ist [54]. Das gilt in herausragendem Maße für den Geokomplex [35], und die Bedeutung kartographischer Modelle wird mit dem Fortschreiten der Dynamikuntersuchungen, d. h. der physisch-geographischen [26] und ökonomischen Prozeßforschung sicher noch weiter anwachsen.

Klassifizierung der kartographischen Darstellungsformen nach Merkmalen, die dem Modell selbst zukommen[7]

Arbeiten zur kartographischen Modellierung bzw. Modellklassifizierung lassen auch „Glanz und Elend der kartographischen Terminologie“ voll sichtbar werden. So spricht z. B. W. Witt [52] von „Abbildungsmodellen“; in nicht wenigen Kartenklassifikationen wird das Klassifizierungsmerkmal gewechselt usw. In der vorgeführten Modellklassifikation wurde dem Aspekt der kartographischen Terminologie, insbesondere bei den Schemata durch Auswahl der Beispiele entsprechende Aufmerksamkeit gewidmet, um im Hinblick auf die laufenden internationalen Arbeiten im Rahmen der „International Cartographic Association“ zur Vereinheitlichung

[7] Die erläuterte spezifische Situation bei der kartographischen Modellierung legt den Schluß nahe, nur bei eindeutigem Analogieverhalten des Modells gegenüber dem Original von „materiellen Modellen“ zu sprechen. Ein solches ist im strengen Sinne des Wortes weder bei Karten noch bei kartenverwandten Darstellungsformen der Fall. Daher werden vorstehend alle kartographischen Darstellungsformen als ideelle Modelle klassifiziert, wobei es dessenungeachtet möglich ist, auch Verhaltensweisen des Originals kartographisch zu modellieren. Die angeführten kartographischen Modelle sind typische Beispiele, und die Anzahl ist daher nicht vollständig; dies gilt auch für die folgenden Kapitel und Abbildungen 2—4.

der kartographischen Terminologie auf die Klassifikationsproblematik aus modelltheoretischer Sicht hinzuweisen. Unter anderem wurde daher von der Klassifizierung nach drei verschiedenen Merkmalen ausgegangen bzw. eine solche für ausreichend erachtet.

Bei der Klassifizierung nach Merkmalen, die dem Modell selbst bzw. allein zukommen, lassen sich vier verschiedene Modellarten unterscheiden [19] und zwar:

a) Aussagenmodelle,
b) physische (körperliche, dreidimensionale) Modelle,
c) graphische Modelle,
d) formale (mathematisch-logische) Modelle.

Hierzu zählt die Unterscheidung von materiellen und ideellen Modellen. Wir können nach Stoff [48] selbst dann von ideellen Modellen sprechen, wenn ihre Elemente und Beziehungen mit Zeichen, Zeichnungen oder anderen materiellen Mitteln fixiert werden, weil alle ... Umgestaltungen der Elemente gedanklich, d. h. im Bewußtsein des Menschen, vollzogen werden.

In der Reihenfolge a—d, wie sie auch in Abbildung 2 zu erkennen ist, kommt gleichzeitig ein wachsender Grad der Abstraktion im Hinblick auf die Relation „Original-Modell" zum Ausdruck. Während bei einem Aussagenmodell der Bezug zu einem Original noch deutlich erkennbar ist, kann bei einem formalen Modell nicht mehr unbedingt auf ein konkretes Original geschlossen werden, da in dieser Ebene der Abstraktion ein und dasselbe mathematische Modell Eigenschaften, Struktur und/oder Verhalten unterschiedlichster realer Systeme widerspiegeln kann.

a) *Aussagemodelle* (ideelle Modelle)

Diese seien definiert als ideelle Modelle, die Eigenschaften des Originals in verbaler Form unter Verwendung einer natürlichen Sprache (in Gestalt von Aussagen) beschreiben [19].

Aussagenmodelle spielen in der Kartographie seit längerem eine Rolle. Von der historischen Bedeutung her muß hier der Alexandriner Claudius Ptolemäus (90—168 u. Z.) bzw. die oftmals kurz so genannte *„Ptolemäus-Geographie"* an erster Stelle genannt werden. Seine „Geographische Anleitung zur Anfertigung von Karten" in 8 Bänden, zweifellos zu den großen Schöpfungen der antiken Kultur gehörig, bestimmte fast 14 Jahrhunderte lang die Entwicklung der kartographischen Wissenschaft. Für unsere Frage der Modellklassifizierung ist vor allem Ptolemäus' Sammlung von Quellen für die Zusammenstellung von geographischen Karten interessant. Ein bedeutender Teil dieser Angaben, insgesamt 8000 (!) geographische Objekte erfassend, wird in tabellarischer Form geboten. Ptolemäus' Beschreibung „Geographische Anleitung zur Anfertigung von Karten" beinhaltet eine systematische Zusammenstellung der Siedlungen, Flüsse, Gebirge und anderer geographischer Objekte mit Angabe ihrer geographischen Koordinaten. Das Material reichte aus für die Schaffung einer Erdkarte und 26 Karten der großen Unterteilungen der Erde [37].

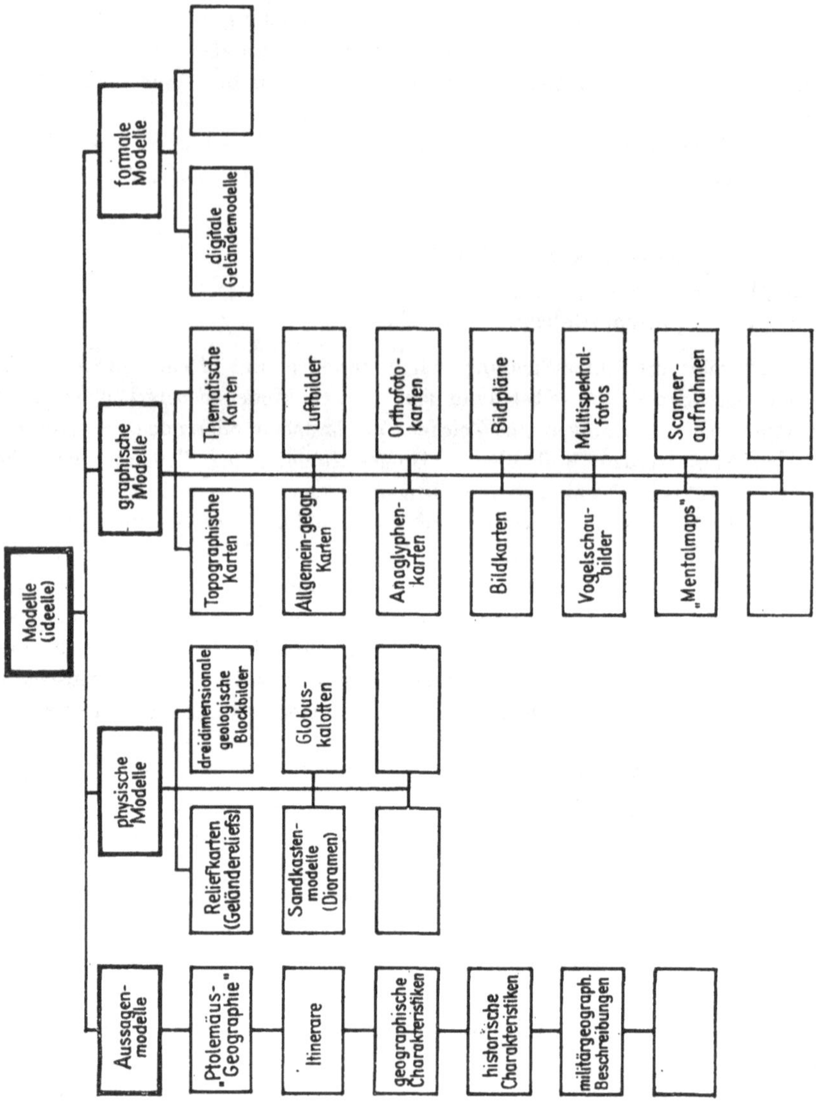

Abb. 2 Kartographische Modellklassifizierung nach den „Merkmalen, die dem Modell selbst bzw. allein zukommen"

Bereits hier wird ein wesentliches Merkmal kartographischer Darstellungsformen als Aussagenmodelle sichtbar: Das Aussagenmodell kann erfolgreich als Grundlage des graphischen Modells eingesetzt werden.

Den Charakter von Aussagenmodellen im eingangs genannten Sinne tragen überwiegend auch die antiken und mittelalterlichen *Itinerare,* Reise-, Wege- und Schiffsroutenbeschreibungen für Handel, Pilgerreisen usw. Unter den gegenwärtigen Aussagenmodellen entsprechen die *„geographische Charakteristik“*, die „historische Charakteristik“ (bei Geschichtskarten, mit dem Ziel des Vorläufercharakters für das daraus zu entwickelnde graphische Modell Geschichtskarte konzipiert) und *„militärgeographische Beschreibungen“* eindeutig der gegebenen Definition.

b) *Physische – oder körperliche – Modelle* (materielle Modelle)

Diese seien definiert als körperliche oder gegenständliche Modelle, wobei oftmals noch nach physikalischen, technischen usw. Modellen unterschieden wird [19].

Hierzu zählen *Reliefkarten*[8] — deren Bedeutung seit dem Einsatz der thermoplastischen Verformung als Herstellungstechnologie übrigens bedeutend angewachsen ist –, teilweise auch als *Geländereliefs* bezeichnet; *dreidimensionale Blockbilder, Sandkastenmodelle* bzw. *Dioramen,* und schließlich auch *Globuskalotten.* Im Sinne der eingangs gegebenen Definition der Karte handelt es sich somit um kartenverwandte Darstellungsformen.

c) *Graphische Modelle* (ideelle Modelle)

Diese seien definiert als in der Regel nichtmaterielle, d. h. ideelle Modelle, welche Eigenschaften des betreffenden Originals unter Verwendung graphischer Ausdrucksmittel beschreiben [19].

Wie schon aus dem Wortbildungszusammenhang ersichtlich, ist hier ein wesentlicher Teil der Karto*graphischen* Darstellungsformen modellmäßig einzuordnen. Zunächst gehören hierzu die *Topographischen* und *allgemeingeographischen (chorographischen) Karten* ebenso wie die große und noch immer wachsende Palette der *Thematischen Karten* [8]; perspektivische Karten (Vogelschaubilder) und *Anaglyphenkarten* sind auch hier einzuordnen. Zu den kartenverwandten Darstellungsformen, die sich *graphischer* Ausdrucksmittel bedienen, also graphische Modelle sind, sollten auch diejenigen gezählt werden, die – auf Verfahren der Photogrammetrie oder der Fernerkundung beruhend – bearbeitet oder unverändert für eine Nutzung reproduziert werden. Als Beispiele seien das *Luftbild* als Produkt der Foto*grafie,* die *Orthofotokarte,* der *Bildplan* und die *Multispektralfotos* sowie als Grenzfall die *Scanneraufnahmen* und die *Thermalaufnahmen* [47] genannt.

Eine Sonderstellung nehmen die sogenannten *„mental maps“* [10, 16] ein. Hierbei handelt es sich um von US-amerikanischen Kartographen gewonnene Erkenntnisse über existierende Raumvorstellungen der Kartennutzer, die, in Kartenform wiedergegeben, wir modelltheoretisch als inneres Modell bezeichnen können. Dabei wird die zu modellierende Realität de facto aus dem Gedächtnis modelliert. Die Bedeutung liegt dann allerdings nicht in der Gewinnung von neuen Erkenntnissen über das Original, sondern über den bereits vorhandenen Umfang der Kenntnisse des Subjekts über besagtes Original und die Modellie-

[8] Bemerkenswert ist, daß bestimmte Elemente des Originals mit graphischen Ausdrucksmitteln wiedergegeben werden können.

rungsfähigkeiten des Kartennutzers, auch als Disposition des Kartennutzers bezeichnet. Derartige Informationen spielen natürlich eine wesentliche Rolle für die wissenschaftliche Durchdringung einer nutzerorientierten Kartengestaltung, und damit also für die Optimierung der kartographischen Modellierung.

d) *formale Modelle* (mathematische bzw. mathematisch-logische Modelle)

Diese seien definiert als abstrakte Modellart, wobei den (wesentlichen) Variablen bzw. Parametern des Originals bestimmte Symbole entsprechen. Die Beziehungen zwischen den Variablen bzw. Parametern werden im Modell durch mathematische bzw. logische Relationen dargestellt [19].

Bekanntester Vertreter dieser Modellart [14] in der Kartographie sind die *digitalen Geländemodelle* [7, 50]. Sie stellen geordnete Schemata von Zahlen zur mathematischen Beschreibung von Geländecharakteristika in diskreter Form dar, wobei die Geländehöhe h als Funktion der Grundrißlage x, y eines Punktes den wichtigsten Parameter darstellt.[9] Auch in anderen Bereichen spielt die mathematisch-kartographische Modellierung eine zunehmend größere Rolle [11, 13, 49, 51, 55].

Klassifizierung der kartographischen Darstellungsformen nach Aspekten des Originals, die Analogien im Modell besitzen[10]

Bei der Klassifizierung nach Aspekten des Originals, die Analogien im Modell besitzen, lassen sich vier verschiedene Modellgruppen unterscheiden [35], wie Abbildung 3 aufweist:

a) Funktionsmodelle,
b) Strukturmodelle,
c) Verhaltensmodelle,
d) Prozeßmodelle.

a) *Funktionsmodelle*[11]

Diese seien definiert als (ideelle, O.) Modelle, deren Analogierelation sich allein auf die Funktion bzw. Funktionsweise eines Originals beziehen [19].

[9] Definition nach J. Pietschner (unveröff. Manuskript Brockhaus abc Kartenkunde, hrsg. v. R. Ogrissek); vgl. auch H.-L. Ewert „Betrachtung von Zusammenhängen zwischen Gelände und Gesellschaft für geodätische und kartographische Zwecke". Arb. a. d. Vermess.- u. Kartenwesen der DDR. Bd. 30, Leipzig 1973.

[10] Die angeführten kartographischen Modelle sind typische Beispiele, und die Anzahl ist daher nicht vollzählig.

[11] Vgl. hierzu auch Pápay [31], wo auf das Problem der invarianten und nichtinvarianten Funktionen eingegangen wird.

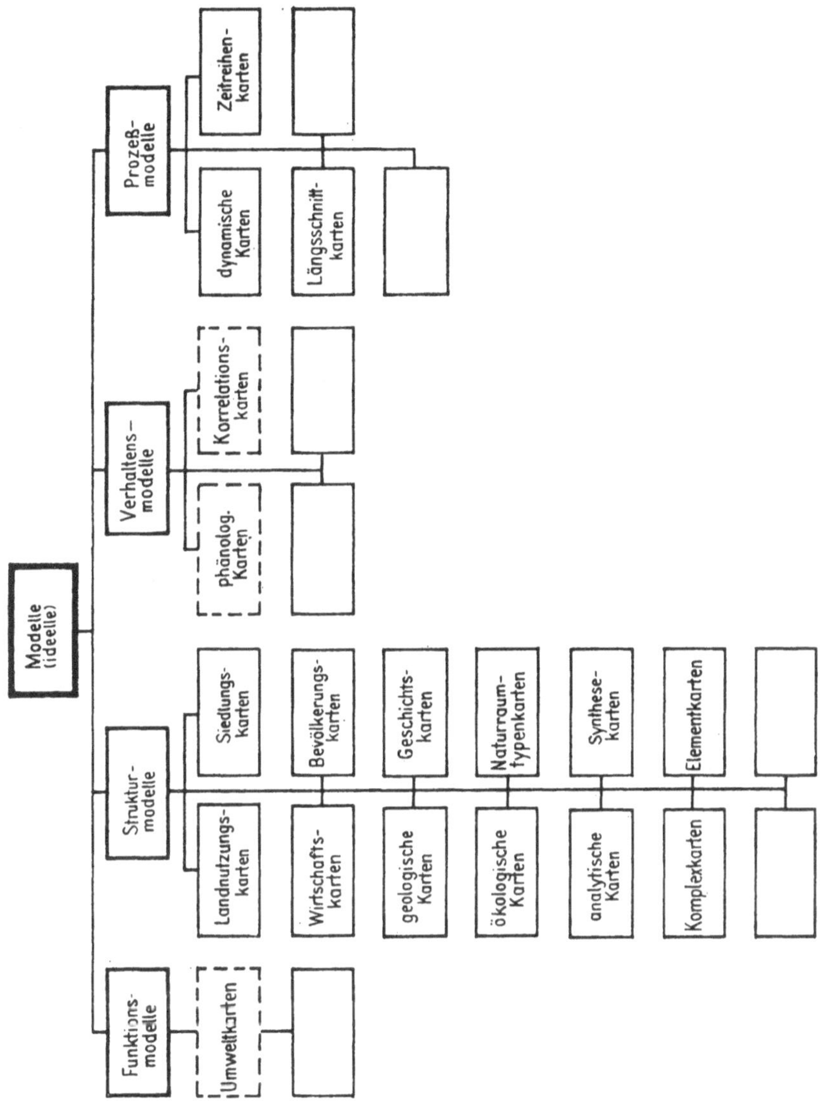

Abb. 3 Kartographische Modellklassifizierung nach dem Klassifizierungsmerkmal „Aspekte des Originals, die Analogien im Modell besitzen"

Sicher kann man jene *Umweltkarten* hierzu rechnen, die bestimmte Funktionen (nicht Funktionsweisen) der Umwelt im gesellschaftlichen Reproduktionsprozeß modellieren. Auf die engen Beziehungen zwischen Funktionsmodellen und Verhaltensmodellen sei hier nachdrücklich hingewiesen.

b) *Strukturmodelle*

Diese seien definiert als (ideelle, O.) Modelle, deren Analogie mit dem Original in der Übereinstimmung von Eigenschaften der Struktur besteht [19].

Der Strukturabbildung kommt für die kartographischen Darstellungsformen als Modelle der Wirklichkeit eine entscheidende Rolle zu, und die Funktion der erklärenden Widerspiegelung [31] als invariante Funktion ist zu einem wesentlichen Teil Struktur-Widerspiegelung.

Diese Strukturabbildung bildet gewissermaßen zwangsläufig zu einem wesentlichen Teil das Anliegen thematischer Karten, wie sie nach dem Kartengegenstand bezeichnet werden. Als Beispiele seien *Landnutzungskarten, Klimakarten, Wirtschaftskarten, Bevölkerungskarten, geologische Karten, Verkehrskarten* u. a. angeführt. In der Kartographie existieren auch Begriffe, die die Art der Strukturabbildung zum Ausdruck bringen, wie *analytische Karten, Synthesekarten*[12], *Komplexkarten, Elementkarten,* ohne hier auf die Eignung der Begriffe näher einzugehen.

c) *Verhaltensmodelle*

Diese seien definiert als (ideelle, O.) Modelle, deren Analogie zum Original sich auf die Gleichheit des Verhaltens und nicht notwendigerweise auch auf die Gleichheit der Struktur bzw. Funktion bezieht [19].

Eine gesonderte Zuordnung von kartographischen Darstellungsformen ist wohl nur in den Fällen sinnvoll, wo dem Verhaltensaspekt eine eindeutige Dominanz gegenüber dem Strukturaspekt zukommt. Als Beispiele wären „*phänologische Karten*" in bezug auf den *Kartengegenstand* als Merkmal der Begriffsbildung und „*Korrelationskarten*" bezüglich der Spezifik des *Zusammenhanges der Inhaltselemente* als Merkmal der Begriffsbildung zu nennen. Im strengen Sinne des Wortes entspricht das Verhalten des Modells Karte im vorbezeichneten Sinne natürlich nicht dem Verhalten des Originals; aber das Verhalten des Originals wird adäquat mit graphischen Darstellungsmitteln modelliert. Schlußfolgerungen bezüglich des Originals hängen allein von der Qualität des kartographischen Modells ab, sie sind keine prinzipielle Frage.

d) *Prozeßmodelle*

Diese seien definiert als (ideelle, O.) Modelle, deren Analogie zum Original sich auf die Analogie von Prozessen bezieht.

Obwohl die Karte formal gesehen statischer Natur ist, scheint sie auch aus der Sicht der Modelltheorie in bestimmten Grenzen geeignet, die Dynamik von Sachverhalten und Erscheinungen geowissenschaftlicher Spezifik abzubilden. Ausdruck

---

[12] Die teilweise noch übliche Bezeichnung „synthetische Karten" ist weniger geeignet, da man hierunter zunehmend auf synthetischem Papier gedruckte Karten versteht.

dieser Erkenntnisse sind beispielsweise solche eingeführten kartographischen Begriffe wie *„dynamische Karten"*, *„Zeitreihenkarten"*, *„Längsschnittkarten"* u. ä. Dabei darf nicht unerwähnt bleiben, daß es nicht wenige thematische Karten gibt, in denen Prozesse abgebildet werden, ohne daß dies im Kartentitel oder in der Kartenbezeichnung zum Ausdruck kommt. Im übrigen spiegelt sich das jeweilige Klassifikationsmerkmal natürlich relativ selten im Klassifikationsbegriff oder der Kartenbezeichnung wider.

Bei den vorgenannten Modellarten wird deutlich, daß eine eindeutige Zuordnung teilweise schwierig ist, und auch kombinierte Modellarten sind häufig; es sei nur an die Rolle der Strukturmodelle erinnert.

Klassifizierung der kartographischen Darstellungsformen nach dem Verwendungszweck des Modells

Bei der Klassifizierung nach dem Merkmal „Verwendungszweck des Modells" lassen sich vier verschiedene Modellarten unterscheiden [19], wie auch Abbildung 4 zeigt:

a) Demonstrationsmodelle
b) Experimentalmodelle
c) Entscheidungsmodelle
d) Erkenntnisgewinnungsmodelle

a) *Demonstrationsmodelle*

Diese seien definiert als Modelle, die lediglich der Demonstration dienen, indem vorwiegend komplizierte Zusammenhänge übersichtlich und besonders anschaulich dargestellt werden.

Für diese Modellart ist bei den kartographischen Modellen typisch, daß entsprechend der nachweisbaren Kartenbezeichnungen ein relativ breites Spektrum des Einsatzes nachweisbar ist. Als Beispiele seien mit dem Begriffsbildungsmerkmal der konkreten Zweckbestimmung *„Agitationskarten"*, *„Propagandakarten"*, *„Lehrkarten"* und mit dem Merkmal Kartennutzung bzw. Kartennutzer *„Schulwandkarten"* und *„Schülerkarten"* angeführt.

b) *Experimentalmodelle*

Diese seien definiert als (ideelle, O.) Modelle, die dem Zweck des experimentellen Gewinnens neuer Erkenntnisse über Eigenschaften des Originals dienen; dabei geht es um Erkenntnisse, die nicht schon explizit im Quellenmaterial enthalten waren [19].

Die Hauptklasse der kartographischen Experimentalmodelle stellen sicher die *Prognosekarten* dar, womit nicht gesagt sein soll, daß nicht auch mittels zahlreicher anderer thematischer Karten oder auch *Arbeitskarten* neue Erkenntnisse über das

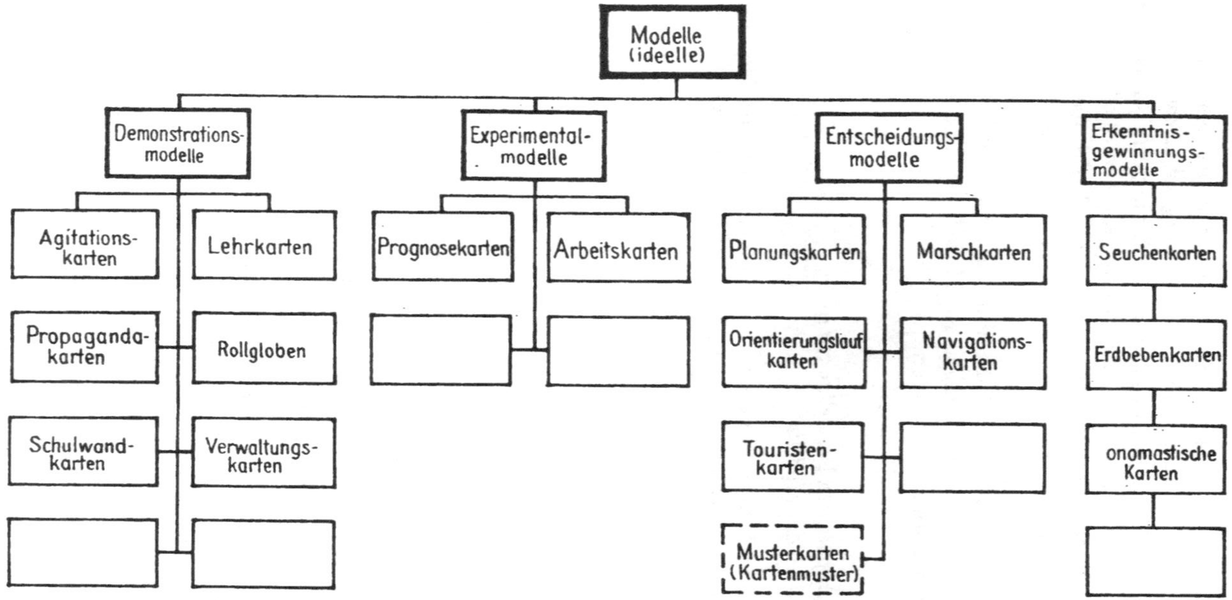

Abb. 4 Kartographische Modellklassifizierung nach dem Klassifizierungsmerkmal „Verwendungszweck des Modells“

Original gewonnen werden können; aber bei diesen steht nicht das „Experiment" mit der Zielstellung des Findens einer optimalen Variante zur „Gestaltung" des Originals im Vordergrund. Bemerkenswert ist ferner, daß auch bei den Prognosekarten die Begriffsbildung auf dem Merkmal Zweckbestimmung basiert.

c) *Entscheidungsmodelle*

Diese seien definiert als (ideelle, O.) Modelle, die (zumeist) komplexe Entscheidungssituationen abbilden, um festzulegen, welcher möglichen Handlungsvariante der Vorzug zu geben ist [19].

Hierzu zählt ein bedeutender Teil der *Planungskarten* (aber auch verschiedene Arten von *Arbeitskarten)* und *Orientierungslaufkarten* sowie *militärische Marschkarten* sind hier als Beispiele zu nennen. Die Entscheidung kann dabei von ganz unterschiedlicher Bedeutung sein, wie es bei der Wahl eines Neubaustandortes auf Grund einer Prognosekarte oder der Wahl der Laufroute bei einem Orientierungslaufwettkampf auf Grund der Orientierungslaufkarte offensichtlich ist. Und sicher kann man auch Touristenkarten hier eingliedern.

Eine besondere Rolle spielen die *Musterkarten,* auch *Kartenmuster* genannt; zweifelsohne handelt es sich hier um Entscheidungsmodelle für die Modellgestaltung selbst, denn anhand von Musterkarten wird die Gestaltung des betreffenden kartographischen Modells oder der betreffenden Serie kartographischer Modelle – Kartenserien oder Atlanten – entschieden.

d) *Erkenntnisgewinnungsmodelle*

Diese seien definiert als ideelle Modelle, die eindeutig der Gewinnung neuer wissenschaftlicher Erkenntnisse über Eigenschaften des Originals dienen.

Die nahe Verwandtschaft mit den Experimentalmodellen ist unübersehbar. Es wäre auch eine Unterordnung der Experimentalmodelle unter die Erkenntnisgewinnungsmodelle denkbar. Hier wurde dies nicht praktiziert, um der großen Bedeutung des Experiments zu entsprechen. Als typische Beispiele mit konkretem Kartengegenstand sind zu nennen *„Seuchenkarten"*, *„Erdbebenkarten"* und *„onomastische Karten"*.

Schlußfolgerungen

Aus der Vielfalt der Karten resultiert die Notwendigkeit, sie zu klassifizieren. Eine wissenschaftliche Klassifizierung der Karten unter modell-theoretischen Aspekten dient vor allem der Analyse bzw. der Feststellung von Gesetzmäßigkeiten, die den verschiedenen Karten und kartenverwandten Darstellungsformen [3] eigen sind. Diese neuen Erkenntnisse sind dann wiederum im weitesten Sinne für die nutzerorientierte Optimierung [2, 23] des Modells auch in gestalterischer Hinsicht [1, 46] der Karte nutzbar zu machen. Vermutlich sind zudem neue Einsichten für die Entwicklung der Kartensprache zu erwarten [32, 33].

Nicht zuletzt ermöglicht die modelltheoretische Klassifikation kartographischer

Darstellungsformen auch neue Einsichten hinsichtlich des gegenwärtigen Standes in der Ausbildung der kartographischen Terminologie [6] und sich daraus ergebender Konsequenzen für eine Standardisierung kartographischer Termini im internationalen Rahmen. Eine mögliche Mehrfachzuordnung läßt diese Problematik besonders deutlich werden.

Literatur

[1] Arnberger, E.: Eigenschaften der graphischen Darstellungsmittel. In: Thematische Kartographie. Graphik-Konzeption-Technik. Referate der Kartographischen Dreiländertagung, Bern 1978, und weitere Beiträge zur thematischen Kartographie. Kartograph. Schriftenreihe. Hrsg. v. d. Schweizerischen Gesellschaft für Kartographie, S. 7—17.

[2] Berljant, A. M.: Voprosy teorii ispol'zovanija kart v naučnom issledovanii (Fragen der Theorie der Kartennutzung in der wissenschaftlichen Untersuchung). Vestn. Mosk. Univ. Ser. Geograf., Moskva **26** (1971) 4, S. 50—54.

[3] Berljant, A. M.; V. T. Žukov; V. S. Tikunov: Matematiko-kartografičeskoe modelirovanie v sisteme „sozdanie-ispol'zovanie kart". (Mathematisch-kartographische Modellierung im System „Herstellung-Nutzung von Karten"). In: Geogr. issled. v. Mosk. Un-te. Tradici-perspektivy, Moskva 1976, S. 235—243.

[4] Board, C.: Maps as models. In: Models in geography. London 1967, S. 671—725.

[5] Bočarov, M. K.: Osnovy teorii proektirivanija sistem kartografičeskich znakov (Grundlagen der Theorie der Schaffung kartographischer Signaturensysteme). Moskva 1966.

[6] Cyłowski, H.: Klasyfikac map i słownictwo kartograficzne (Klassifikation der Karten und kartographische Terminologie). Przegląd Geodezyjny, Warzawa **XLIX** (1977) 6, S. 216—217.

[7] Finsterwalder, F.: Überlegungen zur Ableitung eines digitalen Geländemodells aus Höhenlinien. Ztschr. f. Vermessungswesen, Stuttgart **100** (1975) 9, S. 458—461.

[8] Friedlein, G.: Thematische Karten für Umweltforschung und Umweltgestaltung. Vermessungstechnik, Berlin **24** (1976) 8, S. 292—293.

[9] Freitag, U.: Systems Approach to Thematic Cartography. Paper E. (Conf. 68) 1.21, 8th UN Regional Cartographic Conference for Asia and The Far East. o. O. 1978, 10 S.

[10] Gould, P. u. R. White: Mental Maps. Penguin Books, Harmondsworth 1974.

[11] Grygorenko, W.: Zasady numerycznego modelowania i pretwarzania informacji kartograficznych (Grundsätze der numerischen Modellierung und Verarbeitung von kartographischen Informationen). Przegląd Geodezyjiny, Warszawa **XLVII** (1975) 10, S. 417—422.

[12] Hake, G.: Kartographische Ausdrucksform und Wirklichkeit. In: Festschrift für G. Jensch aus Anlaß seines 65. Geburtstages. Abhandlung des 1. Geograph. Instituts der Freien Universität (West-)Berlin. Bd. **20** (West-)Berlin 1974, S. 87—107.

[13] Hoffmann, F.: Mathematisches Modellieren als Grundlage der kartometrischen Analyse und automatisierten Generalisierung. Vermessungstechnik, Berlin **21** (1973) 8, S. 296—298.

[14] HOINKES, CH.: Geometrische Strukturtypen kartographischer Ausdrucksformen und ihre digitale Darstellung. Vermess., Photogramm., Kulturtechnik. Fachbl. Winterthur **73** (1975) 1, S. 85—90.

[15] IMHOF, E.: Kartenverwandte Darstellungen der Erdoberfläche. Eine systematische Übersicht. In: Internat. Jahrbuch für Kartographie. Bd. **III**, 1963, Freytag-Berndt und Artaria, Wien, S. 54—95.

[16] KISHIMOTO, H.: „Mental Maps" und Kartographie. Photogrammetrie, Kulturtechnik, Winterthur **73** (1975) 1, S. 62—64.

[17] KLAUS, G. u. M. BUHR (Hrsg.): Philosophisches Wörterbuch. Leipzig, VEB Bibliogr. Institut 1975.

[18] KLAUS, G. u. H. LIEBSCHER: Systeme, Informationen, Strategien. Eine Einführung in die kybernetischen Grundgedanken der System- und Regelungstheorie, Informationstheorie und Spieltheorie. VEB Verlag Technik, Berlin 1974.

[19] KLAUS, G. u. H. LIEBSCHER (Hrsg.): Wörterbuch der Kybernetik. Dietz Verlag, Berlin 1976.

[20] KOEMAN, C.: The Principle of Communication in Cartography. In: Internat. Jahrbuch für Kartographie. Gütersloh, Bd. **XI** (1971), S. 169—176.

[21] KRETSCHMER, I.: Erste Arbeitssitzung der Kommission IV. „Kartographische Kommunikation" der Internationalen Kartographischen Vereinigung (IKV). Kartographische Nachrichten, Bonn-Bad Godesberg **27** (1977) 6, S. 228—230.

[22] KRETSCHMER, I.: Theoretische Kartographie. Einführung in das Rahmenthema. In: Beiträge zur Theoretischen Kartographie. Festschrift für Erik Arnberger. Franz Deuticke Wien 1977, S. 1—14.

[23] LEBEDEV, P. P.: Obščaja formalnaja model sintaktičeskoj struktury karty (Allgemeines formales Modell syntaktischer Kartenstrukturen). In: Geograf. issled. v. Mosk. un-te. Tradiciiperspektivy, 1976, S. 244—251.

[24] LEHMANN, E.: Kartographie im Dienste der Umweltforschung. In: Im Mittelpunkt der Mensch. Umweltgestaltung-Umweltschutz. (Hrsg. v. Kh. Lohs u. S. Döring) Akademie-Verlag, Berlin 1975, S. 218—232.

[25] MEINE, K.-H.: Kartographische Kommunikationsketten und kartographisches Alphabet. Mitt. d. Österr. Geograph. Gesellsch., Wien **116** (1974) 3, S. 390—418.

[26] NEUMEISTER, H.: Zur Theorie und zu Aufgaben in der physisch-geographischen Prozeßforschung. Petermanns Geogr. Mitt., **122** (1978) 1, S. 1—11.

[27] OGRISSEK, R.: Begriffsgeneralisierung in der thematischen Kartographie. Vermessungstechnik, Berlin **23** (1975) 7, S. 247—251.

[28] OGRISSEK, R.: Entwicklungstendenzen der Kartographie in den 70er Jahren des 20. Jahrhunderts. Wiss. Ztschr. der Technischen Universität Dresden **28** (1979 a) 3, S. 700—707.

[29] OGRISSEK, R.: Systemtheorie und kartographische Modellierung. Unveröff. Manuskript, Dresden 1979 b.

[30] OSTROWSKI, W.: The map as a semiotic tool and its efficiency. In: The Polish Cartography. Warszawa 1976, S. 32—43.

[31] PÁPAY, G.: Funktionen der kartographischen Darstellungsformen. Petermanns Geogr. Mitt., Gotha/Leipzig **117** (1973) 3, S. 234—239.

[32] PRAVDA, J.: Kartografický jazyk (Kartographische Sprache). Geodetický a kartografický obzor, Praha **23** (1977) 10, S. 243—249.

[33] Ratajski, L.: Pewne aspekty grammatyki jezyky mapy (Einige Aspekte der Grammatik der Kartensprache). Polski przegląd kartograficzny, Warszawa 8 (1976) 2, S. 49–61.

[34] Ratajski, L.: Loss and Gain of Information in Cartographic Communication. In: Beiträge zur Theoretischen Kartographie. Festschrift für Erik Arnberger. Franz Deuticke Wien 1977, S. 217–227.

[35] Richter, H.: Beitrag zum Modell des Geokomplexes. In: Landschaftsforschung. Beiträge zur Theorie und Anwendung. (Hrsg. H. Barthel) Gotha/Leipzig 1968, S. 39–48.

[36] Robinson, A. H. u. B. Bartz Petchenik: The Nature of Maps. Essays toward understanding maps and mapping. University Press Chicago 1976.

[37] Sališčev, K. A.: Einführung in die Kartographie. Bd. I. VEB Hermann Haack, Geographisch-Kartographische Anstalt Gotha/Leipzig 1967.

[38] Sališčev, K. A.: Predmet i metod kartografii (Gegenstand und Methode der Kartographie). Vestn. Mosk. Univ., Ser. Geogr. 2 (1970), S. 7–17.

[39] Sališčev, K. A.: Nekotorye čerty sovremennogo razvitija kartografii i ich teoretičeskij smysl. (Einige Grundzüge der modernen Entwicklung der Kartographie und ihr theoretischer Inhalt). Vestn. Mosk. un-ta, Ser. Geogr., Moskva 28 (1973) 2, S. 3–12.

[40] Sališčev, K. A.: O kartografičeskom metode poznanija — analiz nekotorych predstavlenij o kartografii (Über die kartographische Methode der Erkenntnis-Analyse einiger Auffassungen über die Kartographie). Vestn. Mosk. Univ., Ser. Geogr., Moskva 30 (1975) 1, S. 3–10.

[41] Sališčev, K. A.: History and Contemporary Development of Cartographic Generalization. In: International Yearbook of Cartography. XVI, Bonn-Bad Godesberg 1976, S. 158–172.

[42] Sališčev, K. A.: Teoretičeskie problemy kartografii (Theoretische Probleme der Kartographie) In: Itogi nauki i techniki-Kartografija. Bd. 7, Moskva 1976, S. 6–12.

[43] Sališčev, K. A.: Kartografičeskaja kommunikacija — ee mesto v teorii nauki (Die kartographische Kommunikation und ihr Platz in der Wissenschaft (Kartographie). Vestn. Mosk. un-ta Ser. Geogr., Moskva o. Jg. (1978 b) 3, S. 10–15.

[44] Sališčev, K. A.: Wie alt sind die Begriffe Karte und Kartographie? Petermanns Geogr. Mitt., Gotha/Leipzig 123 (1979) 1, S. 65–68.

[45] Širjaev, E. E.: Novye metody kartografičeskogo otobraženija i analiza ego informacii s primeneniem EVM (Neue Methoden der kartographischen Darstellung und Analyse ihrer Information bei Einsatz von EDVA) Moskva: Nedra 1977.

[46] Spiess, E.: Eigenschaften von Kombinationen graphischer Variablen. In: Grundsatzfragen der Kartographie. Wien 1970, S. 279–293.

[47] Stock, P.: Interpretation von Thermalbildern der Stadtregion Dortmund. Bildmessung und Luftbildwesen, Karlsruhe 43 (1975) 4, S. 144–152.

[48] Štoff, V. A.: Modellierung und Philosophie. Akademie-Verlag, Berlin 1969.

[49] Suchov, V. I.: Matematičeskoe modelirovanie kartografičeskoj informacii (Mathematische Modellierung kartographischer Informationen) In: Teor. i metod. probl. zamleustrojstva na sovrem. etame. Moskva 1974, S. 503–513.

[50] Thomas, H.: Digitales Geländemodell — Modellalgorithmus und Stützpunktdichte. Wiss. Ztschr. d. Technischen Universität Dresden, Dresden 23 (1974) 3/4, S. 875–879.

[51] Vasmut, A. S. u. V. A. Vergasov: Matematičeskoe modellirovanie processa postroenija karty (Mathematische Modellierungsprozesse beim Entwurf von Karten). Izv. vysš. učebn. zaved., Geodezija i Aërofotos-emka, Moskva **15** (1975) 3, S. 107–118.

[52] Witt, W.: Modelle und Karten. Kartograph. Nachrichten, Bonn-Bad Godesberg **26** (1976) 1, S. 2–8.

[53] Wolkow, N. M. u. Bolschakow, W. D.: Thematik Moon Surface Cartography, based on Space Photographs. Allgemeine Vermessungs-Nachrichten, Karlsruhe 84 (1977) 10, S. 375–379.

[54] Wüstneck, K.-D.: Begriffswort „Modell". In: Philosophisches Wörterbuch (Hrsg. G. Klaus u. M. Buhr) Bd. 2 VEB Bibliogr. Institut, Leipzig 1974, S. 805–809.

[55] Žukov, V. T.; Serbenjuk, S. N.; Tikunov, V. S.: Matematiko-kartografičeskoe modelirovanie (Mathematisch-kartographische Modellierung) In: Itogi nauki i techniki — Kartografia. Moskva: VINITI 1976, Bd. 7, S. 36–45.

[56] Županskij, Ja. J.: Nekotorye aspekty problemy modelirovanija legendy social'no-ekonomičeskich kart (Einige Aspekte der Modellierung der Legende von sozialökonomischen Karten) Geodez., Kartogr. i Aërofotos-emka, L'vov o. Jg. (1974) **20**, S. 97–99.

Auswahlliteratur

Aslanikašvili, A. F.: O kartografičeskoj forme naučnogo modelirovanija (Zur kartographischen Form der wissenschaftlichen Modellierung). Itogovaja naučnaja sessija; Tezisy doklador. Tbilissi 1968.

Aslanikašvili, A. F.: Kartografija. Voprosy obščej teorii (Kartographie. Fragen einer allgemeinen Theorie). Tbilissi, Mecniereba 1968.

Bär, W.-F.: Zur Methodik der Darstellung dynamischer Phänomene in thematischen Karten. Frankfurter Geographische Hefte, Bd. 51 Frankfurt/a. M., 1976

Berljant, A. M.: Kartografičeskoe modelirovanie i systemnyi analisis (Kartographische Modellierung und Systemanalyse). In: Puti razvitija kartografii. Moskva 1975, S. 98–106.

Känel, S. v.: Einführung in die Kybernetik für Ökonomen. Verlag Die Wirtschaft, Berlin 1972 (2. Aufl.).

Klaus, G. (Hrsg.): Wörterbuch der Kybernetik. Dietz Verlag, Berlin 1967.

Lehmann, E.: Die Kartographie als Wissenschaft und Technik. Petermanns Geogr. Mitt., Gotha **96** (1952) 1, S. 73–84.

Lur'e, J. K. u. A. P. Tiščenko: Cifrovye metody obrabotki kosmičeskoj videoinformacii v tematičeskom kartografirovanii (Digitale Methoden der Auswertung kosmischer Fernsehinformationen bei der thematischen Kartierung). Vestn. mosk. univ., Ser. Geogr., Moskva **31** (1976) 1, S. 25–30.

Pápay, G.: Das Wesen der kartographischen Darstellungsformen. Papier und Druck. Schwerpunktheft Kartographie. Leipzig **23** (1974) 11, S. 161–164.

Sališčev, K. A.: Kartovedenie (Kartenkunde). Moskva: MGU 1976.

Sališčev, K. A.: Projektirovanie i sostavlenie kart (Entwurf und Zusammenstellung von Karten). Isdatel'stvo Moskogo Universiteta Moskva 1978 a).

Serbenjuk, S. N. u. V. T. Žukov: Primenie matematika-statističeskich modelei dlja kartografirovanie geografičeskich kompleksov (Die Verwendung mathematisch-statistischer Modelle für die Kartierung geographischer Komplexe). Kalinin 1973.

Širjaev, E. E.: Sposob polučenija mnogocvetnych kart so skrytym stereokopičeskim izobraženiem (Verfahren zur Herstellung mehrfarbiger Karten mit latenter stereoskopischer Darstellung). Geodez. i Kartogr. Moskva **49** (1974) 12, S. 54—56.

Smirnov, L. E.: Idei i opyt trechmernogo kartirovanija (Ideen und Erfahrungen der dreidimensionalen Kartierung) Vestn. Leningr. Un-ta, Leningrad (1974) 2, S. 94—102.

Stams, W.: Zum Modell-, Informations- und Systembegriff in der Kartographie. Wiss. Ztschr. d. Technischen Universität Dresden, Dresden **20** (1971) 1, S. 287—300.

Steinbuch, K.: Dimensionen der Information. Kartograph. Nachrichten, Bonn-Bad Godesberg **23** (1973) 4, S. 129—137.

Štoff, V. A.: Rol'modelej v poznanii (Rolle der Modelle in der Erkenntnis). Leningrad 1963.

Edgar Lehmann

Schlußbemerkungen

Geographische Methoden landeskultureller Untersuchungen im Vergleich mit geophysikalischen und toxikologischen Beiträgen zur Umweltforschung

Ich danke den verehrten Mitgliedern der Akademie der Wissenschaften der DDR und der Sächsischen Akademie der Wissenschaften (S A W) zu Leipzig, die der Einladung der Initiatoren dieses Kolloquiums in so großer Zahl gefolgt sind. Ich danke den Kollegen, Freunden, Mitarbeitern und ehemaligen Schülern, die sich zu diesem Kolloquium eingefunden haben und mir dadurch eine große Freude bereitet haben. Ich danke aber vor allen Herrn Schwabe, dem Präsidenten der SAW und Vizepräsidenten der AdW der DDR, der in der von Herrn Große, dem Sekretar der Philologisch-historischen Klasse der SAW, mit einem eigenen feinfühligen Vorwort versehenen Grußadresse der SAW hervorhob, was der jungen Wissenschaftsgeneration selbstverständlich und unproblematisch erscheinen mag, aber doch, wie ich gestehen möchte, von mir, wenn überhaupt, nur asymptotisch mit der Unterstützung vieler, die Akademiewirklichkeit prägender Mitarbeiter, Freunde und Kollegen erreicht werden konnte. Ich bin dankbar, durch die Einsicht in die enorme Arbeitsleistung und das Anspruchsniveau eines so bedeutenden Wissenschaftlers wie Präsident Schwabe manche tiefergreifende Anregung für die Gestaltung eigener Aufgaben und Ziele empfangen zu haben. Ich danke dem Stellvertreter des Generalsekretärs der AdW, Herrn Bichtler, der nach altem akademischen Brauch den Vorträgen eine „laudatio“ voranstellte. Als Leiter der DDR-Gruppe des „International Institute for Applied Systems Analysis“ (IIASA) steht Herr Bichtler mit den Geographen ohnehin in engerem Kontakt, weil ja die vom IIASA geförderte und geforderte Untersuchung des Verhaltens komplexer inhomogener Systeme für die quantitativ formalisierte Erfassung komplizierter geographischer Abhängigkeiten eine steigende Bedeutung gewann. Und ich möchte herzlich Ihnen, verehrter Herr Lüdemann, danken – nicht nur weil Sie zu den Initiatoren dieses Kolloquiums gehören, sondern weil mit Ihnen zu meiner Freude eine Persönlichkeit das Institut für Geographie und Geoökologie (IGG) als mein Nachfolger leitet, die sich durch große Klarheit über die Perspektive unserer geographischen Wissenschaft auszeichnet und sie durch die erfolgreichen Forschungsleistungen tüchtiger Mitarbeiter sowohl der physisch-geographischen wie der ökonomisch-geographischen und kartographischen Arbeitsrichtung unter Beweis stellte.

In meinem Dankeswort möchte ich an den immerhin weitgespannten Themenkreis anknüpfen, der, wie schon dem Programm zu entnehmen war, mit meiner Wirksamkeit in der „Umweltklasse“ der AdW zusammenhängt.

Lassen Sie mich daher aus dem Füllhorn, das die ausgezeichneten Vorträge enthielt, einiges nach dem Kriterium meiner Interessiertheit und vor allem meiner Dankbarkeit hervorholen. Der etwas persönliche Argumentationsstil, der damit fast zwangsläufig verbunden ist, sei mir aus dem Anlaß dieses Kolloquiums zugutegehalten.

Es gibt, meine Damen und Herren, einiges in der Vergangenheit, das Gegenwart bleibt. Gewiß, jeder Mensch gehört in den Wesenszusammenhang einer Generation. Jede Generation knüpft, zum Teil in mehr oder weniger starkem Widerspruch – an die ihr vorangegangene Zeit an. Jede Generation strebt neuen Höhen zu. – Am Anfang meiner Tätigkeit im Bibliographischen Institut, schon in den Jahren vor dem II. Weltkrieg, seit 1930, suchte ich, zunächst im engeren Rahmen der Kartographie, jene Lehren und Anschauungsweisen anzuwenden und mir durch die Praxis zu eigen zu machen, die ich durch meinen verehrten Lehrer Norbert Krebs kennengelernt hatte. Das Gerüst der geographischen Wissenschaft wurde damals von der Morphologie erstellt. Herbert Louis, der damalige Assistent am Berliner Geographischen Institut, der zu Anfang dieses Monats seinen 80. Geburtstag begehen konnte und kurz zuvor die 3. Auflage seines Standardwerkes der Morphologie vorlegen konnte, hatte für uns Jüngere etwa die gleiche große Bedeutung wie sie Hans Richter im seinerzeitigen Geographischen Institut der Karl-Marx-Universität für eine stattliche Zahl heute in entscheidenden Positionen stehender Studenten hatte.

Nach dem II. Weltkrieg war am Geographischen Institut der Karl-Marx-Universität das bedeutende Wirken eines Vertreters der älteren Generation, Ernst Neefs, alle mit großer Strahlkraft erfassend, am geographischen Firmament aufgestiegen. Auch der in der Stille schöpferisch Tätige, wissenschaftlich hervorragende Professor Gerhard Schmidt hatte schon damals als Dozent seinen festen Platz am Geographischen Institut.

In den 20iger und 30iger Jahren war es, wie ich schon andeutete, die Geomorphologie, die den überdies meist regional gerichteten Arbeiten den eigentlichen Halt gab. Man suchte das Wesen von, wie wir heute sagen würden, Partialkomplexen der Natur, Kultur und Wirtschaft zu einem erheblichen Teil physiognomisch durch das Studium ihrer äußeren Form zu enthüllen. Die Verfahrensweise war im wesentlichen induktiv. Man richtete indessen schon damals den Blick auf die innere Verflechtung der die Eigenart von Ländern und Landschaften bestimmenden Komponenten. Man greife zum Beweis auf die besten Arbeiten der Zeit zurück, auf die heute in ihrer Bedeutung meist verkannten Länderkunden eines Robert Gradmann über Süddeutschland, eines Norbert Krebs über die „Österreichischen Alpenländer“ oder „Indien“ oder auf die genetisch-historisch orientierten morphologischen und siedlungsgeographischen Arbeiten jener Zeit. Die genetischen Erklärungsansätze wiesen, vom heutigen Standort betrachtet, zweifellos theoretische Mängel auf, weil sie nicht die durchaus mögliche Einbeziehung von Prozeß-Steuerungsmechanismen aller wesentlichen physischen Elemente suchten. Das berechtigt aber nicht, diese Arbeiten heute in Bausch und Bogen abzulehnen. Sie sollten überprüft werden, nicht zuletzt, weil sie einer gegenwärtig zu starken Vernachlässigung des historischen Faktors, des Faktors Zeit, günstig entgegenzuwirken vermögen. Es ist dankbar zu begrüßen, daß Professor Gellert die Zielstellung und die Probleme geomorphologischer Erkundung auch entgegenstehenden Meinungen zum Trotz konsequent weiterverfolgte und daß Herr Dozent Dr. Kugler sich der morphologischen, morphogenetischen und akutalgeomorphologischen Landschaftsforschung sowie der geomorphologischen Landschaftsbeurteilung und -bewertung im Gesamtzusammenhang landschaftlicher Strukturen und Wandlungen mit besonderem Erfolg widmete.

Der Weg war weit – von der im Rückblick geradezu quietistisch anmutenden Vorstellung eines gleichsam naturgegebenen Umweltzustandes bis hin zu den neuen, geoökologisch basierten Betrachtungs- und Untersuchungsweisen, – bis hin zur territorialen Funktions- bzw. Konfliktsbewertung, d. h. der Belastungs- und Nutzungsbewertung mittels Modellen, die eindeutig theoriebezogen sind und dazu beitragen, die von Ernst Neef kreierte Denk- und Arbeitsweise weiter zu entwickeln und mit ihm zusammen in den Dienst neuer, z. T. veränderter Aufgaben und Ziele zu stellen. Ich möchte in diesem Zusammenhang Herrn Haase und Herrn Richter sehr danken, daß sie uns an einem Ausschnitt eindrucksvoll vor Augen führten, wie Naturraumeinheiten als Reaktionsfelder bzw. Reaktionsareale exogener, gesellschaftlich bedingter Einflüsse aufzufassen sind. Nur ganz allmählich und mit bemerkenswerter Akzeleration in den letzten Jahren wurde die früher statisch gerichtete Betrachtungsweise der Physischen Geographie und Landschaftslehre durch Methoden abgelöst, die für die Untersuchung strukturerhaltender und strukturverändernder Prozesse wie ihrer Kontrolle und praxiswirksamen Steuerung geeignet sind. Die Dynamik der in und zwischen den verschiedenen Sach- und Seinskategorien einer Landesstruktur bestehenden Beziehungen rückte in den Vordergrund geographischer Forschung.

Heute wie ehedem, in den vergangenen 20, 30 Jahren, wie in den Zeiten, seit es überhaupt eine wissenschaftliche Geographie gibt, tauchte immer erneut die mit jeder Wissenschaft engstens verbundene Grundfrage nach den Gesetzmäßigkeiten auf, auf Grund deren bestimmte Vorgänge und Entwicklungen verlaufen. Wie steht es mit der Auswirkung und überhaupt mit der Bedeutung von Gesetzen nicht nur im physischen Bereich der Geographie, der Landschaftslehre im besonderen, in der ja der schließlich von Sočava geprägte Begriff des Geosystems ganz offensichtlich gesetzliches Wirken nicht nur einschließt, sondern voraussetzt. Wie steht es mit dem Gesetz in den weiten Bereichen der Gesamtgeographie, die ja eine gesellschaftsbestimmte Wissenschaft ist. Forschungsstrategisch ist, wie Professor Lüdemann jüngst in einem in Potsdam gehaltenen Kolloquiumsvortrag unterstrich, der geographische Raum weder allein vom naturwissenschaftlichen noch ausschließlich vom gesellschaftswissenschaftlichen Standort aus erschließbar. Im Rückblick auf die Vorträge erscheint es mir, zumal im naheliegenden Vergleich mit den beiden nicht der geographischen Disziplin zuzuordnenden Vorträgen von Herrn Professor Lauterbach und Herrn Professor Lohs, aufschlußreich zu sein, eine in den geographischen Referaten mehr oder weniger verhüllte Prämisse aufzugreifen. Ich meine die Vorstellung, daß den Gesetzmäßigkeiten der Naturräume, wie es wörtlich oft formuliert wird, Eigengesetzlichkeiten der Wirtschafts- und Kulturräume gegenüberständen. Folgen die von den Herren Haase und Richter gestreiften Beziehungen zwischen Aneignungen der Natur und den gesellschaftlich-historischen Bedingungen der Produktion und Reproduktion, also der durch die „Arbeit“ des Menschen als raumprägende und raumumwandelnde Aktionen aufzufassenden Prozesse bestimmten Gesetzen oder Gesetzmäßigkeiten? Zweifellos: in beiden Kategoriebereichen, in der Natur wie in der Gesellschaft, sind Gesetze wirksam. Aber Eigengesetzlichkeit? Was heißt das? Ich fasse diesen merkwürdigen Terminus als Umschreibung einer sehr wesentlichen Sachlage auf: sie ist engstens mit der Notwendigkeit prozeßgeographischer Forschungen verbunden. Sie ergibt sich aus der z. T. sehr schnellen, gesellschaftsbestimmten Veränderung bestehender Raumstrukturen. Gesetze der Natur sind bekanntlich global wirksam. Sie sind überall anwendbar. Und dies über geologisch sehr lange Zeiträume hin – wobei man indessen nicht Herrn Watznauers Arbeiten über das Problem der Historizität im geowissenschaftlichen Bereich außer Acht lassen sollte. Gesetze dagegen, denen gesellschaftliche Tatbestände unterliegen, sind oft nur so lange Zeit wirksam, wie die gesellschaftlichen Strukturen unverändert bleiben, aus denen heraus sie entstanden. Das kann einen größeren Zeitraum hindurch der Fall sein, – zum Beispiel dann, wenn die Produktionsverhältnisse und Produktivkräfte sich als stabil erweisen. Das können aber auch sehr kurzfristige Zeiträume sein. Der Wandel der Raumstrukturen erfolgt nicht nur z. B. in den Verdichtungsräumen von Industrie und Bevölkerung, sondern selbst in Entwicklungsländern in der Gegenwart so schnell, daß die Verursachungs- und Wirkungsverflechtungen in ihrem gegenseitigen zeitlichen Verhalten nicht wie früher in ihrem bloßen Gewordensein zu erfassen sind. Die jeweilige Gegenwart wird schnell Geschichte. In den heute lebenden Generationen geht es um eine schöpferische Nachfolge, um den Willen zur Beseitigung entdeckter Widersprüche, in manchen Fällen um grundstürzenden, historisch-logischen Wandel des Gesellschaftssystems. Hier liegt der Ansatzpunkt einer modernen, auf die Ungleichheit der Naturräume und ihrer Nutzung sowie auf die Ungleichheit der Gesellschafts- und Landesstruktur bezogenen Regionalen Geographie. Die theoretische Grundlegung einer neuen Regionalen Geographie erweist sich als eines der immer dringender werdenden Anliegen der geographischen Wissenschaftsentwicklung. Einer Tagung der Geographischen Gesellschaft, die auf Initiative von Professor Jacob in seiner Eigenschaft als Präsident der Geographischen Gesellschaft der DDR unter dem Titel „Auslandsgeographie“ 1979 in Dresden stattfand, folgte ein vor wenigen Tagen abgeschlossenes Symposion über Probleme der Regionalen Geographie in Potsdam, dem Wirkungsort des um die Regionale Geographie besonders verdienten Kollegen Professor Kramm, der zusammen mit Professor Gellert, Dozent Dr. v. Känel,

Dr. Kohlmann und mir selbst einem von Herrn Prof. Harke umsichtig geleiteten Arbeitskreis „Regionale Geographie" angehört. Der starke Widerhall, den die von Dr. Harke herausgegebene Studienbuchreihe fand, zeigt, welch großes Interesse bei den Praktikern, d. h. bei Lehrern und Berufsgeographen nicht weniger als in altersmäßig ganz verschiedenen Schichten der dem gesellschaftlichen Ganzen dienenden Geographen an der Herausarbeitung regionaler Zusammenhänge und regionaler Trends besteht. Das spiegelt sich auch in den von Professor Sanke, zusammen mit Professor Zimm, Professor Kohl und Frau Dozent Dr. Inge Paulukat im Wort und in Einzelschriften geförderten regionalgeographischen Aktivitäten wider, die von Professor Mohs in den von ihm mit sicherer und glücklicher Hand auch auf dem regionalgeographischen Sektor zu erhöhter Wirkung geführten „Geographischen Berichten" durch Heranziehen hervorragender Autoren aus anderen Wirkungsstätten der Geographie (Leipzig, Dresden, Greifswald, Cottbus, Halle) noch gesteigert wurden.

Auf unsere Frage nach dem für jede Wissenschaft wichtigen Ausmaß, in welchem sie sich auf Gesetze gründet, geben die Ergebnisse regionaler Arbeiten, sofern sie sich zum Beispiel in regionalen Karten oder Atlanten niederschlagen, eine sinnfällige Antwort. Man wird zum mindesten nicht leugnen können, daß die dargestellten Objekte als Einzelerscheinungen durch das Wirken physikalischer, chemischer, biologischer oder ökonomischer, psychischer und sozialer Gesetze bedingt sind. Das Gesamte, das Einmalige, das Individuelle, das eine regionale Übersichtskarte als die hervorstechende, untrügliche Eigenschaft alles geographisch Realräumlichen widerspiegelt, ist aber gesetzmäßig nicht faßbar. Nur in den Teilkomplexen als den Hauptbestandteilen territorialer Individualräume sind gesetzmäßige Regelhaftigkeiten erkennbar, kartierbar und typisierbar. Wir sprechen mit Recht von Landwirtschaftsgebietstypen, von Industriegebietstypen oder auch von Reliefgebietstypen wie von Vegetationsgebietstypen. Das Besondere, der einmalige geographische Raum findet indessen im Vergleich mit dem regelhaft Wiederkehrenden, das in den Teilkomplexen als Typus wirksam und faßbar ist, seine volle Bestätigung, ja eigentlich erst die wissenschaftlich gesicherte Identität! In dieser Sachlage liegt die häufig unterschätzte Erfolgspotenz regionaler Untersuchungen begründet – von den komplex angelegten Arbeiten in bestimmten regionalen „Testgebieten" bis hin zur Erschließung der „Werte unserer Heimat", die in der von Dr. Zühlke zusammen mit Dr. W. Schmidt betreuten Buchreihe „Werte unserer Heimat" eine von Wissenschaftlern verschiedenster Disziplinen wie von breiten Leser- und Nutzerkreisen hochgeschätzte Aufnahme fanden. All die Einzelpunkte, die in den Bänden dieser Buchreihe durchaus inventarmäßig erfaßt werden, unterliegen Auswirkungen von Natur und Gesellschaftsgesetzen. In den einführenden Übersichten wird auf kausal-definierte Zusammenhänge, in denen die Einzelobjekte miteinander stehen, aufmerksam gemacht. Was für diese als Beiträge zur Regionalen Geographie aufzufassende, speziell auf „Heimatwerte" bezogene Faktenbearbeitung gilt, das kennzeichnet in einem tiefgreifenden, methodisch-theoretischen Sinne jegliche wissenschaftliche Regionale Geographie. Denn ihr Charakter gibt sich, – von welcher Seite man auch ihr Wesen betrachten mag –, als eine synthetisch verfahrende Wissenschaft zu erkennen. Die Geographie zieht wohl die in Teilbereichen eines Raumes, zum Beispiel die in den erwähnten Gebietstypen wirkenden allgemeinen Gesetzmäßigkeiten zur Aufdeckung kausal definierter Zusammenhänge heran. Die Geographie ist aber aus ihrem konzeptionellen Schwerpunkt heraus im wissenschafts-operationalen Sinne viel mehr auf die Anwendung von Gesetzen der Natur und Gesellschaft als auf ihre Entdeckung gerichtet. Diese Verfahrenshinweise teilt die Geographie mit vielen anderen als exakt bezeichneten Naturwissenschaften und mit wohl sämtlichen Gesellschaftswissenschaften.

Der geographisch wesensbestimmende Zug dieser Aussage wird, so glaube ich, recht deutlich, wenn man sie den ungemein anregenden, neue Forschungsperspektiven eröffnenden Ausführungen Herrn Lauterbachs als Geophysiker gegenüberstellt. Hier wurde die Enthüllung physiologischer und physikalischer Gesetzmäßigkeiten angestrebt und in einer auch für die Umweltforschung wichtig und zukunftsträchtig erscheinenden, geophysikalisch-physiologischen Betrachtungsweise herausgearbeitet. Die Anomalien der menschlichen Zeitwahrnehmungen über Tiefenbrüchen — bis über 4% (Rostocker Tiefenbruch nach der Seismik) sprachen eindringlich zu uns. Wer wird die kartographischen Darstellungen Herrn Lauterbachs so leicht vergessen? Herr Lauterbach ging im Sinne der Physik bzw. Geophysik so vor, daß er die bedingenden Faktoren bis auf jene, auf die es ankommt, eliminierte. Das zunächst eingleisig kausal gewonnene, eine Gesetzmäßigkeit enthüllende Ergebnis mündet als in situ beobachtete Variable in eine komplexe Kartierung ein, die das Finden von Gesetzmäßigkeiten unmittelbar für die allgemeine Umweltforschung sichtbar macht. Gerade in der Unterschiedlichkeit der Methoden und der mit ihnen eng verbundenen, so verschiedenartigen disziplinären Denkweisen liegt ja eine der Kraftquellen, aus denen jedes Mitglied der Umweltklasse der AdW schöpft, um über sie wie über einen Transformator im jeweiligen Forschungsbereich zu neuen Leistungen anzuspornen. Ich danke Ihnen, verehrter Herr Lauterbach – und schließe bei dieser Gelegenheit auch den Dank für Ihre stete, für die Klasse „Umweltschutz und Umweltgestaltung“ der AdW höchst förderliche Mitarbeit ein.

Hier wurde ein gesetzmäßiges Verhalten von Faktoren der Physiologie des Menschen in Verbindung mit geophysikalischen Sachlagen der oberen Erdkruste, ihrer Tektonik insbesondere, in seiner allgemeinen Tragweite, nicht zuletzt im Rahmen der Umweltforschung deutlich. Wie trächtig geophysikalische Arbeiten im Verein mit geologischen und medizinischen Untersuchungen sein können, wenn sie in ein breiteres, wenn auch reduziertes Umweltbetrachtungssystem eingefügt werden, zeigen die geologisch-geophysikalischen und medizinischen Arbeiten, die in der Sächsischen Akademie der Wissenschaften von dem wissenschaftlichen Triumvirat der Herren Watznauer, Buchheim und Jordan und ihrer Mitarbeiter durchgeführt werden. Diese als höchst erfolgreich angesehenen Arbeiten in Bad Brambach/Bad Elster verlieren keinen Deut an wissenschaftlichem und praktischem Wert, weil die Erarbeitung der Integrations- und Interpretationsprinzipien nicht auf der Findung, sondern auf der Anwendung naturwissenschaftlicher Gesetze beruht. In der Geographie aber steht, wie das Referat von Herrn Haase und Herrn Richter zeigte, die schwierige Aufgabe an, ganze natürliche wie gesellschaftliche Bedingungskomplexe in ihrem Bezug auf bestimmte Anforderungen der Gesellschaft und auf ihre vorauszusagende Reaktion zu untersuchen. Die zwischen den naturbestimmten Räumen und den gesellschaftlich bestimmten Raumkomplexen wirkenden Beziehungen sind in Form der Prozeßforschung zu erkunden. Herr Professor Haase und Herr Professor Richter gaben einen sehr instruktiven Einblick in diese jüngste Phase der Entwicklung innerhalb der von Herrn Professor Neef kreierten, ständig vertieften und sowohl im sozialistischen wie kapitalistischen Ausland angewendeten Landschaftslehre. An der Fortführung dieser dynamischen Linie der Landschaftslehre sind die Herren Kollegen Richter und Haase in hohem Maße beteiligt. Zusammen mit Herrn Neef selbst führten sie – auf dem mathematischen und ökologischen Sektor stark unterstützt von Herrn Professor G. Schmidt – die Landschaftslehre neuen Perspektiven zu. Das zeigte das gemeinsam von Herrn Haase und Herrn Richter erarbeitete Referat in überzeugender Weise. Das von beiden Herren Kollegen heute vorgetragene Referat wird von verschiedenen Standorten aus durch Untersuchungen zur Modellierung, zur Anwendung der Systemanalyse und zur Typologie flankiert. Ich verdanke in dieser Hinsicht neben den Herren E. Neef, H. Richter, G. Haase und G. Schmidt starke Anregungen den Arbeiten von H. Kugler (Halle), R. Krönert (Leipzig), H. Barsch (Potsdam), H. Hubrich (Leipzig), K. Herz (Dresden), H. Neumeister (Leipzig), A. Bernhardt (Dresden) und bin im Rahmen einer an der „Umweltforschung" orientierten Hydrologie, Hydrobiologie, physiologisch-medizinischen Chemie, Botanik und Systemanalyse besonders den Untersuchungsergebnissen P. Mauersbergers (Berlin), D. Uhlmanns (Dresden), E. Heinischs (Berlin), H. Schlüters (Leipzig), H. Thomasius' (Tharandt) und H. Kroskes (Berlin) dankbar verpflichtet. Nicht minder gilt dies für die theoretisch und praktisch gleichermaßen förderlichen, ökonomisch-geographischen Arbeiten von H. Lüdemann (Leipzig), G. Mohs (Leipzig), F. Grimm (Leipzig), D. Scholz (Halle), W. Roubitschek (Halle), G. Jacob (Dresden), J. Heinzmann (Leipzig), F. Hönsch (Leipzig), H. Sanke (Berlin), H. Kohl (Berlin), H. Roos (Berlin), G. Schmidt-Renner (Berlin) und A. Zimm (Berlin) dankbar.

Die verschiedenen, durch die bloße Namensnennung wichtiger Träger der geographischen Forschung apostrophierter Entwicklungslinien der physischen wie der ökonomischen Geographie sollten bei allen Divergenzen methodisch auf wenige Hauptaufgaben und Hauptziele konzentriert werden. Eines von ihnen, denen mein spezielles, durch Arbeiten im Bereich der Kartographie erzeugtes Interesse gilt, besteht darin, unterschiedliche, aber korrelativ im Territorium wirksame Vorgänge als Funktionsglieder in einer solchen Synthese zusammenzufassen, die alle für eine bestimmte territoriale Problemlösung wichtigen Wesensmerkmale (qualitativ und möglichst quantitativ) enthält. Synthesen sind ein wichtiger, zu Zeiten etwas unterschätzter Wesensbestandteil geographischer Arbeiten. Das vom IGG ausersehene Testgebiet Bitterfeld–Dessau–Wittenberg ist ein gutes Prüffeld! Die große Zahl wertvoller Ergebnisse, die an der Forschungsfront im RGW-Forschungsgremium sichtbar wurden, bedürfen auch der Synthese – nicht nur für die Geographen selber, sondern für eine breite, wissenschaftliche Öffentlichkeit!

Man kann die in den letzten Jahrzehnten entstandenen, mitunter höchst bedeutsamen Spezialarbeiten zur Theorie und Praxis der Stadt-Umland-Regionen oder auch zur Typisierung von Raumeinheiten in der topologischen und chorischen Dimension als Variationen eines Hauptthemas auffassen, – als die endliche und schließliche Aufhebung der Diskrepanz zwischen dem Einzelobjekt, das meist Gegenstand spezieller Disziplinen ist, und dem Territorium, in das es eingefügt ist. Ich darf diesen synthetischen Grundzug geographischer Wissenschaft am Beispiel des Referates von Herrn Lohs erläutern, für das ich ihm sehr herzlich danken möchte: hier kam die Bedeutung chemischer Analytik zu klarem Ausdruck. In einer schon geraume Zeit zurückliegenden, gemeinsamen Sitzung der Klassen „Chemie" und „Umweltschutz/Umweltgestaltung" der AdW wurde von Herrn Lohs betont, daß die Vielzahl täglich neu in der stoffwandelnden Industrie erarbeiteten Verbindungen und der auf ihrer Grundlage hergestellten Produkte mit einer relativ recht geringen Kenntnis über ihr Verhalten im menschlichen, tierischen und pflanzlichen Organismus, im Boden und in der Atmosphäre verbunden ist. Die biologische Aktivität von Verbindungen, die in großtechnischen Dimensionen produziert werden, wird oft erst nach jahrelanger Einwirkung von Spurenelementen als Schaden entdeckt! Die Problematik ist vielschichtig. Sie ist in bestimmten Bereichen erfolgreich gelöst. Geblieben ist das Problem der Bewertung und damit zugleich die von Seiten der Chemie bzw. der chemischen Industrie sehr berechtigte Frage nach den objektivierbaren Kriterien der Bewertung. Die chemische Toxikologie sieht sich – und insofern ähnlich wie die Geographie – der realen Umwelt als einem Vielkomponentensystem gegenübergestellt, dessen Reaktionsbedingungen – wiederum wie in der Geographie – quantitativ und qualitativ häufig nur annäherungsweise in bestimmten Teilbereichen bestimmt werden können. In der Geographie geht es darum, Beiträge zu erarbeiten, auf Grund deren die ökologischen Konsequenzen toxikologischer Einwirkungen transparent gemacht werden können! Von der mehr synthetisch verfahrenden Geographie erwartet man die Einordnung des örtlichen Einzelfalles in die ökologisch und ökonomisch sehr verschieden reagierenden Funktionssysteme des Territoriums! Die durch die Immission von Schadstoffen entstehenden Umweltproblemlagen können, wie jede territoriale Konfliktsituation, niemals allein von den Wissenschaftlern einer einzigen Disziplin gelöst werden. Ohne die Kenntnis der Hauptwege chemischer Wandlungen in der Biosphäre ist beispielsweise die umwelttoxikologische Bewertung einer chemischen Verbindung nicht möglich. So liegt das Gemeinsame im Ziel, – im fruchtbaren Zusammenwirken nicht zuletzt in der Umweltklasse der AdW. Und eben diese Klasse verdankt Herrn Lohs außerordentliche Förderungen und Anregungen – nicht nur durch seine Mitarbeit als Stellvertreter des Vorsitzenden, sondern auch durch seine Aktivitäten in bedeutenden internationalen Gremien wie z. B. dem Stockholmer International Peace Research Institute sowie im medizinischen Bereich und in der Wissenschaftsgeschichte. Ich danke Ihnen sehr für Ihr Referat[1].

Das, was die Position der Geographie im Reigen der Umwelt-Wissenschaften kennzeichnet, ist, daß sie aus ihrer Arbeits- und Denkweise, aus ihrer in den Natur- und Gesellschaftswissenschaften gleichermaßen verankerten Stellung heraus ein notwendiges, nicht eliminierbares Glied jeder ja stets raumbezogenen, der Lebenssicherung dienenden Umweltforschung ist! Das ging auch aus den von einem breiten Fundament persönlicher Forschungserfahrung getragenen Ausführungen der Herren Haase und Richter hervor. Fragen der Auswirkungen von gesellschaftlichen Maßnahmen auf die Natur stehen solche der Rückwirkung der Natur auf die gesellschaftliche Lebenswelt gegenüber. Landschafts-Bewertungsmodelle, die höchstmögliche Quantifizierbarkeit ermöglichen, zusammen mit der Anwendung des systemtheoretischen Ansatzes sind zum wichtigsten Instrument einer geographischen Umweltforschung geworden. Datenbänke, die für geographische Arbeiten ein dringendes Erfordernis sind, würden, sobald sie geschaffen sind, die Aufgabe der Umweltbewertung sehr erleichtern.

Es darf aber nicht übersehen werden, daß Modelle, so hoch ihre Bedeutung einzuschätzen ist, stets stark vereinfacht sind im Verhältnis zur Kompliziertheit der geographischen Realität, – daß man aus dem zur Verfügung stehenden Modellarsenal das für eine Umwelt-Problemlösung geeignetste auswählen muß – und daß in engstem Zusammenhang hiermit die Problematik eines ständig zu verfeinernden und zugleich zu erweiternden Begriffssystem steht. Ein Dankwort an Herrn Professor Ogrissek für sein instruktives Referat über Modellklassifikationen bei kartographischen Darstellungsformen, aus dem der Theoretiker wie der Praktiker in einer Person zu uns sprach, und über Fragen der kartographischen Terminologie regt an, Begriffe als Produkte geographischer Methoden einen Augenblick in das Visier zu nehmen. Begriffe sind Pfeiler im Strom der geographischen und kartographischen Wissenschaftsgeschichte. Ihre Geschichte, die einer Persönlichkeit vom Rang eines Gerhard Engelmann bedarf, um noch geschrieben zu werden, – eine Begriffsgeschichte also, wäre zugleich eine Problemgeschichte. Viele neue Begriffe sind in der physischen und ökonomischen Geographie wie ebenso in der Kartographie in den letzten drei Jahrzehnten neu gebildet oder schärfer gefaßt worden. Eine große Zahl verwickelter Parameter ging in das Begriffsnetz ein, erleichtert heute die Übersicht und schafft notwendige Vorbedingungen für die wissenschaftliche Verständigung. Und dennoch! Wenn wir die Umwelt als

[1] An den Vortrag von Herrn Lohs sollten sich im Programm angekündigte Ausführungen des an der Teilnahme leider verhinderten Herrn Professor G. Mohs (Leipzig) über „Geographische Raumkategorien und territoriale Planung" anschließen. Dank und Stellungnahme zu dem Beitrag von Herrn Mohs mußten unterbleiben, da dem Verfasser bis zum Tage des Kolloquiums nur die Titel der Vorträge, nicht aber ihr Inhalt bekannt waren und daher auch nur die auf dem Kolloquium behandelten Themen in den Schlußbemerkungen" berücksichtigt werden konnten.

einen Ausschnitt aus dem Territorium ansehen, wenn wir sie als das Ergebnis des Zusammenspiels von Gesellschaft, Ideologie, Natur und Geschichte auffassen, so werden wir gewahr, daß Einiges, mitunter Wesentliches durch die Maschen eines Begriffsnetzes hindurchzuschlüpfen vermag. Die im Begriff enthaltene jeweilige theoretische Grundauffassung bedeutet einen großen Fortschritt. Aber sie ist auf Teil-Komplexe, nicht auf das Ganze, das als Landschaft oder Region entgegentritt, orientiert! Die unvermeidbare, aber notwendige, durchaus zu fördernde Funktion, die in jeder Terminologie enthalten ist, bedarf der sorgsamen Kontrolle durch eine aufzuwertende, Neues, Singuläres, Einmaliges erfassende Erläuterung. Es sei betont: die Vielzahl der variablen, als bedingend in Betracht kommenden Umweltfaktoren ist gar nicht anders faßbar als durch Begriffe und Modelle. Aber was in der Theorie durch Abstraktion scharf abgegrenzt wird, das ist in der räumlichen Wirklichkeit eng miteinander verwoben. Ein Mittel, die in jeder Terminologie und Methode notwendig wirksame Vereinseitigung zu beschränken, ist uns durch die Beschreibung an die Hand gegeben. Sie legt nicht den Blick von vornherein auf bestimmte, nur der jeweiligen Methode zugängliche Seite eines Untersuchungsgegenstandes fest. Sie, die Beschreibung, aufgefaßt als eine notwendige Vorbedingung moderner geographischer Raumforschung, keinesfaalls als ihr Ziel, macht den Weg frei,

1. die große Bedeutung des Individualcharakters jeder Erdgegend klar herauszustellen,

2. die prinzipielle Zeit- und Gesellschaftsgebundenheit jeder geographischen Forschung dadurch zu kennzeichnen, daß sie die sozial und ökonomisch für die Entwicklung eines Territoriums wesentlichen singulären Phänomene als Wertkategorien in die Untersuchungen einbezieht. Gerade angesichts der grundlegenden Veränderung im Charakter der Einwirkung der Gesellschaft auf die Natur, bei allem Einsatz des exakten Messens, der Anwendung des systemanalytischen Ansatzes, der auf Korrelation und Integration beruhenden Synthese sowie strenger statistischer Zuordnungen nach klar definierten Kriterien bleibt – wohl gemerkt als wichtige Ergänzung der modernen Forschungsmethodik und -terminologie – die Bedeutung einer differenzierten Beschreibung in hohem Maße wirksam.

Die Notwendigkeit, aber auch die Grenzen wissenschaftlicher Beschreibung werden in kartographischen Darstellungen recht sinnfällig. Es läge nahe, an dieser Stelle auf den „Atlas DDR" unter diesem Gesichtspunkt einzugehen. Ich muß darauf verzichten. Es sei aber gestattet, hier in Dankbarkeit auf die Mitarbeiter der in vier Sektionen zusammengefaßten etwa 200 Mitarbeiter und insbesondere auf die großen Verdienste zu weisen, die sich Ernst Benedict sowohl als Sekretär der Kommission zur Herausgabe des Atlas DDR wie insbesondere bei der Hauptredaktion und Kartengestaltung in Gemeinschaft mit Herrn Professor Ogrissek, Dozent Dr. Stams, Dr. Friedlein, Ing. E. Engel, Dipl.-Ing. Oertel und Dipl.-Ing. Weber erworben hat. Es sei an dieser Stelle zugleich ein besonderes Dankeswort an den VEB Hermann Haak, Gotha, insbesondere an seinen Direktor, Herrn

Manfred Weiß und seine Mitarbeiter sowie vor allem an die Mitglieder der „Kommission zur Herausgabe des Atlas DDR“ gerichtet, in der der Stellvertreter des Vorsitzenden, Herr Professor Sanke (Berlin) zusammen mit anderen, verschiedene Institutionen des Staates und der Wissenschaft maßgeblich vertretenden Fachkollegen, unter anderen Dr. Haack (Verwaltung für Karten- und Vermessungswesen beim Minister des Inneren), Dr. Pustowski (Ministerium für Kultur) und Dr. Habel (Geographisch-kartographische Anstalt H. Haack, Gotha) von der „ersten Stunde an“ sich nachhaltig und stetig für den Fortschritt und das Gelingen der großen Gemeinschaftsarbeit der Geographen und Kartographen der DDR einsetzte.

Das kartentheoretische Problem, das Professor Ogrissek behandelte, ist ein Beweisstück mehr für die Rolle der Beschreibung, die die Kartographie mit ihren graphischen Mitteln erfüllen muß, ehe sie den notwendigen, weiteren Schritt vollziehen kann, nämlich auf der Grundlage der allgemeinen Informationstheorie Modelle zu entwickeln, die adäquate, räumlich differenzierte Sachverhalte und räumliche Beziehungen wiedergeben. Die eigentliche Problematik liegt in der Erarbeitung spezifischer, inhaltlich-thematischer Kriterien. Es ist z. B. nicht schwierig, die relativ dauerhaften Strukturen der Pendlerräume darzustellen. Die Aufgabe, zu deren Lösung Modellvorstellungen mit Erfolg herangezogen werden, besteht indessen darin, jene Sachlagen und Spannungen kartographisch herauszustellen, die Pendlerbewegungen auslösen. Die Aufgabe ist zur Zeit noch nicht gelöst und zwar nicht zuletzt deshalb, weil es auch in der Kartographie eine ganze Reihe von Faktoren gibt, die sich nicht in Modelle einfangen lassen. Ich weise als Beispiel auf die scheinbaren Zufälligkeiten und Zwangsläufigkeiten der historischen Entwicklung und auf die regional schnell wechselnde geographische Grundausstattung.

Im Zusammenhang mit der kartographischen Terminologie sei mir der Hinweis auf eine historisch mindestens uns Leipziger Kartographen und Geographen berührende Feststellung erlaubt. Die Einführung des Begriffes „Thematische Kartographie“, der nach dem II. Weltkrieg den früher gängigen Terminus „Angewandte Kartographie“ ersetzte, wurde von dem bekannten amerikanischen Kartographen Arthur H. Robinson[2] auf der Konferenz der Internationalen Kartographischen Vereinigung in Stresa (Italien) auf das Jahr 1953 fixiert. Aber schon zu Beginn der 20er Jahre wurde der Begriff „Thematische Karten“ (gleichsam als Werkstatt-Begriff) in der kartographischen Abteilung des Bibliographischen Instituts zu Leipzig gebräuchlich. Im Vorwort zu „Meyers Großem Handatlas“ (1933) kann man folgendes nachlesen: „Verlag und Herausgeber – (letzteres war Professor Nicolaus Creutzburg, geographisch-kartographischer Fachredakteur war ich selbst) – haben die Absicht gehabt, die Ausstattung des Atlas mit *thematischen*

---

[2] ROBINSON, ARTHUR, H.: An International Standard Symbolism für Thematic Maps: Approaches and Problems. Paper submitted to: Technical Section Commission IV in Stresa 1970.

Karten so auszubauen, daß diese Karten nicht nur als „ergänzende Nebenkarten“, sondern daß sie ein gleichberechtigtes Element neben den topographischen Karten bilden sollten. Auch noch an einer anderen Stelle des nur zwei Druckseiten umfassenden „Vorwortes“ wird der Begriff „Thematische Karte“ verwendet. Es erscheint mir dies wissenschafts-geschichtlich bemerkenswert.

Ich komme zum Schluß! Je mehr wir beim Anblick der Umwelt die Ursache in ihrer Wirkung, das Wesen der Dinge in ihren äußeren Formen und Gestalten erkennen, wie wir sie von einer guten Karte zum Teil ablesen können, je klarer entfaltet sich die Umwelt auch vor unseren Augen! Wir fühlen Verstand und Herz erweitert, weil etwas gerade von demjenigen sichtbar und fühlbar zu werden pflegt, was sich unseren, für den Fortgang der Forschungen so wichtigen Begriffssystemen entzieht! Gerade in einer Zeit, in der der Mensch durch Technik, durch Auto und Flugzeug mehr Raum an sich zog als er Zeit hatte, um das, was der Raum enthält, auch wirklich zu besitzen, war es in einem Dankwort für dieses festliche Kolloquium vielleicht nicht unangemessen, zu fragen, welche Stelle und Spezifik geographische und kartographische Arbeiten im Reigen der verschiedenen Geo-Disziplinen heute haben. Die Geographie wird wie jede Wissenschaft in unserem sozialistischen Staat daran gemessen, was sie in Verbindung mit den Volkswirtschaftsplänen und ihrer Mitarbeit an großen RGW-Forschungsplanvorhaben leistet. Eindeutige Erfolge auf der Basis gefestigter theoretischer Grundsätze sind nachweisbar und national wie international in steigendem Maße anerkannt. Sie spornen zu neuem Handeln an. Mathematische Formen der wissenschaftlichen Kommunikation, selbstverständlich Modelle und die Nutzung aller verfügbaren instrumentellen Hilfsmittel werden zur Bewältigung der vor der Geographie und Kartographie stehenden Aufgaben entscheidend beitragen.

Vergessen wir aber darüber nicht die Landschaften und Länder selber – im ganzen umfassenden, durchaus nicht nur naturwissenschaftlichen Sinne dieser voll klingenden Namen. Vergessen wir nicht: das Singuläre, das Einmalige, das Individuelle, – seine bewußte Ergreifung, seine Zuordnung zu uns, damit wir uns als Subjekte, nicht als Objekte einer territorial bezogenen Lebensgestaltung erweisen.

Autorenverzeichnis

Haase, Günter, Prof. Dr. rer. nat. habil., Leiter des Bereiches Geographie am Institut für Geographie und Geoökologie der Akademie der Wissenschaften der DDR, Leipzig

Lauterbach, Robert, Ordentliches Mitglied der Akademie der Wissenschaften der DDR, Leipzig

Lehmann, Edgar, Vizepräsident der Sächsischen Akademie der Wissenschaften und Ordentliches Mitglied der Akademie der Wissenschaften der DDR, Leipzig

Lohs, Karlheinz, Ordentliches Mitglied der Akademie der Wissenschaften der DDR, Direktor der Forschungsstelle für chemische Toxikologie der Akademie der Wissenschaften der DDR, Leipzig

Lüdemann, Heinz, Prof. Dr. sc., Direktor des Instituts für Geographie und Geoökologie der Akademie der Wissenschaften der DDR, Leipzig

Mohs, Gerhard, Prof. Dr. sc. nat., Stellvertretender Direktor des Instituts für Geographie und Geoökologie der Akademie der Wissenschaften der DDR, Leipzig

Ogrissek, Rudi, Prof. Dr. phil. habil., Direktor der Sektion Geodäsie und Kartographie der Technischen Universität, Dresden

Richter, Hans, Prof. Dr. sc. nat., Leiter des Wissenschaftsbereiches Physische Geographie der Sektion Geographie der Martin-Luther-Universität, Halle

Scheler, Werner, Präsident der Akademie der Wissenschaften der DDR

Schwabe, Kurt, Präsident der Sächsischen Akademie der Wissenschaften und Vizepräsident der Akademie der Wissenschaften der DDR

MIX
Papier | Fördert gute Waldnutzung
FSC® C083411

Zeitfracht Medien GmbH
Ferdinand-Jühlke-Straße 7
99095 Erfurt, Deutschland
produktsicherheit@kolibri360.de